煤炭行业特有工种职业技能鉴定培训教材

采煤机司机

（初级、中级、高级）

河南煤炭行业职业技能鉴定中心　组织编写

主　编　曹安顺

中国矿业大学出版社

内 容 提 要

本书分别介绍了初级、中级、高级采煤机司机的基础知识，以及职业技能鉴定的知识要求和技能要求。本书主要内容包括机械、电气常用知识；初级、中级、高级采煤机司机的专业知识和技能要求；采煤机的安全操作和常见故障的分析与处理等。

本书适用于煤矿采煤机司机职业技能鉴定培训和自学，也可作为技术学校相关专业师生的参考用书。

图书在版编目(CIP)数据

采煤机司机：初级、中级、高级 / 曹安顺主编．——
徐州：中国矿业大学出版社，2014.4
ISBN 978-7-5646-2300-5

Ⅰ．①采…　Ⅱ．①曹…　Ⅲ．①采煤机－驾驶员－技术
培训－教材　Ⅳ．①TD421.6

中国版本图书馆 CIP 数据核字(2014)第 066672 号

书　　名	采煤机司机(初级、中级、高级)
主　　编	曹安顺
责任编辑	马晓彦
出版发行	中国矿业大学出版社有限责任公司
	（江苏省徐州市解放南路　邮编221008）
营销热线	（0516)83885307　83884995
出版服务	（0516)83885767　83884920
网　　址	http://www.cumtp.com　E-mail：cumtpvip@cumtp.com
印　　刷	北京兆成印刷有限责任公司
开　　本	850×1168　1/32　印张 8.625　字数 224 千字
版次印次	2014 年 4 月第 1 版　2014 年 4 月第 1 次印刷
定　　价	26.00 元

（图书出现印装质量问题，本社负责调换）

前　言

　　为了全面推进河南省煤炭行业技能鉴定工作,进一步提高煤炭行业职工队伍的素质,加速煤炭工业技能型人才的培养,河南煤炭行业职业技能鉴定中心组织编写了本教材。

　　本教材以《中华人民共和国工人技术等级标准(煤炭行业)》为依据,根据实际生产需要,在编写过程中坚持"以生产为导向,以技能为中心"的原则,力求精炼,突出实用,倾向技能操作。

　　本书第一章由芦博执笔,第二章由张平执笔,第三章由赵晓伟、成杰执笔,第四章由沈红义执笔,第五章、第六章、第七章由曹安顺执笔,第八章、第九章由王运涛执笔。全书由茹国华、张明星、宣正群、李湘建审稿。

　　本教材在编写过程中得到了鹤煤技师学院领导和鹤煤集团公司有关工程技术人员的大力支持和帮助,在此一并表示感谢。

　　由于时间仓促,缺乏经验,书中难免有不当之处,恳请广大读者批评指正。

编　者

2013 年 11 月

目　录

第一部分　采煤机司机基础知识

第二部分　采煤机司机初级工专业知识和技能要求

第一部分　采煤机司机基础知识

第一章　煤矿安全基础知识

第一节　矿井通风基础知识

一、矿井空气

1. 地面空气

地面空气是包围着我们居住的地球表面的地面大气,它是由干空气和水蒸气组成的混合气体。

2. 井下空气的组成部分

(1) 氧气(O_2)

氧气的性质:无色、无味、无臭的气体。供人呼吸。《煤矿安全规程》规定:采掘进风流中,氧气浓度不得低于20%。

(2) 氮气(N_2)

氮气的性质:无色、无味、无臭的气体。在正常情况下,对人体无害。

(3) 二氧化碳(CO_2)

二氧化碳的性质:无色、略带酸味的气体,易溶于水、不助燃、不能维持呼吸,对眼、鼻的黏膜有刺激作用。《煤矿安全规程》规定:采掘进风流中,二氧化碳浓度不得超过0.5%。

二、井下主要有害气体

1. 一氧化碳(CO)

(1) 性质

一氧化碳是一种无色、无味、无臭的气体。浓度达到 13% ～ 17% 时遇火能发生爆炸。

（2）危害

一氧化碳毒性很强，吸入人体后会阻碍氧气和血色素的正常结合，使人体各部分组织和细胞缺氧，引起窒息和中毒死亡。

（3）井下来源

主要来源有：井下火灾，煤层自燃；瓦斯与煤尘爆炸；爆破工作。

2. 硫化氢（H_2S）

（1）性质

硫化氢是一种无色、有臭鸡蛋气味的气体，有毒性，溶于水，能燃烧，当浓度达到 4.3% ～ 46% 时具有爆炸性。

（2）危害

硫化氢有剧毒，它不但能使人体血液缺氧而中毒，而且对眼睛及呼吸道的黏膜具有强烈的刺激作用，能引起鼻炎、气管炎和肺气肿。

（3）井下来源

主要来源有：坑木腐烂；含硫矿物遇水分解；爆破工作产生；从废旧巷道采空区涌出或煤岩中涌出。

3. 二氧化硫（SO_2）

（1）性质

二氧化硫是一种无色、具有强烈硫黄燃烧气味的气体，易溶于水。它对眼睛和呼吸器官有强烈的刺激作用。

（2）井下来源

主要来源有：含硫矿物的自燃或缓慢氧化；从煤岩中放出；含硫矿物爆破生成。

4. 二氧化氮（NO_2）

二氧化氮为红褐色气体，对眼睛、鼻腔、呼吸道及肺部有强烈的刺激作用,可引起肺气肿。

5. 甲烷(CH_4)

甲烷是矿井有害气体的主要成分,占有害气体总量的90%以上。在煤矿生产中,通常把以甲烷为主的有毒、有害气体总称为瓦斯。

三、矿井通风

（一）矿井通风的任务

矿井通风的任务主要有:

（1）将适量的地面空气连续输送到井下各用风地点,提供井下人员呼吸所需的氧气。

（2）稀释并排出井下空气中各种有毒、有害气体、矿尘。

（3）调节井下气候条件,创造良好的井下工作环境,保证井下机械设备、仪器仪表的正常运行,保障井下作业人员的身体健康和劳动安全。

（4）在发生灾变时能够根据救灾的需要,调节和控制风流的流动路线,提高矿井防灾、抗灾、救灾能力。

（二）矿井通风系统

矿井通风系统是矿井通风方式、通风方法和通风网络的总称。

1. 矿井通风方式

按进、回风井的位置不同,矿井通风方式分为中央式、对角式、区域式和混合式四种。中央式又可分为中央并列式和中央边界式两种;对角式又分为两翼对角式和分区对角式两种。

2. 矿井通风方法

矿井通风方法以风流获得的动力来源不同分为自然通风和机械通风两种。利用自然因素产生的通风动力,使空气在井下巷道中流动的通风方法称为自然通风。利用通风机运转产生的通风动力,使空气在井下巷道中流动的通风方法称为机械通风。

在机械通风的矿井中,通风机的工作方法分为抽出式、压入式和混合式。

3. 矿井通风网络

矿井通风网络的基本连接形式有串联、并联和角联三种。

4. 矿井通风设施

矿井通风设施按其作用不同分为三类:

(1) 引导风流设施,主要有风桥、风硐、反风装置及风筒。

(2) 隔断风流设施,主要有风墙(密闭)、风门等。

(3) 调节风流设施,主要是调节风门。

第二节　矿井灾害防治基础知识

一、矿井瓦斯灾害防治

(一) 瓦斯的性质

瓦斯是指以甲烷为主的有毒、有害气体的总称,有时单指甲烷。甲烷无色、无味、无毒,不溶解于水,比空气轻。

瓦斯与空气适量混合后具有燃烧爆炸性,是煤矿主要的灾害之一。

(二) 矿井瓦斯等级划分

根据《煤矿安全规程》的规定,按照瓦斯涌出量和涌出形式将矿井瓦斯等级分为三类:

(1) 瓦斯矿井;

(2) 高瓦斯矿井;

(3) 突出矿井。

(三) 瓦斯爆炸条件

(1) 瓦斯浓度在爆炸范围(5%~16%)之内。瓦斯爆炸界限并不是固定不变的,随着条件的改变而改变。

(2) 有高温火源的存在。

（3）氧气浓度在 12% 以上。

以上条件必须同时具备,瓦斯才能爆炸。

（四）预防措施

1. 防止瓦斯积聚和超限

（1）加强通风;

（2）加强对有害气体的检查;

（3）及时处理局部积聚的瓦斯;

（4）瓦斯抽放。

2. 控制火源

（1）消灭电气失爆;

（2）杜绝非生产需要的火源;

（3）对生产中不可避免的高温热源,采用专门措施严加控制;

（4）加强井下火区的管理,禁止在井下拆开矿灯等。

3. 防止瓦斯事故的扩大

防止瓦斯事故扩大主要采取分区通风和设置防、隔爆设施等措施,防、隔爆设施目前主要使用岩粉棚、水袋棚、水帘、水幕等。

4. 安设瓦斯监测监控装备

二、矿尘防治

（一）矿尘概述

矿尘是指矿山生产过程中产生的并能长时间悬浮于空气中的矿物颗粒的总称,也叫粉尘。

（二）矿尘危害

（1）污染工作场所,降低工作场所的能见度,增加事故的发生。

（2）危害人体健康,引起职业病。

（3）煤尘在一定的条件下可以发生爆炸。

（4）加速机械的磨损,缩短机器的使用寿命。

（三）煤尘爆炸的条件

（1）煤尘本身具有爆炸性。

（2）悬浮的煤尘浓度在爆炸范围之内。

（3）有高温引燃火源的存在。

（4）足够的氧气浓度。

以上条件必须同时具备，煤尘才能爆炸。

（四）预防煤尘爆炸的措施

预防煤尘爆炸的技术措施可分为：防尘措施、防爆措施和隔爆措施三个方面。

1. 防尘措施

（1）煤层注水；

（2）采空区灌水；

（3）湿式打眼与水炮泥；

（4）采掘机械的喷雾降尘；

（5）井下运输及转载点洒水降尘；

（6）水幕净化；

（7）对井下巷道定期清扫和冲刷；

（8）通风除尘；

（9）个体防护，主要护具是防尘口罩。

2. 防爆措施

防爆措施主要是杜绝井下一切高温火源，与预防瓦斯爆炸一样。

3. 隔爆措施

隔爆措施主要是在井下适当的地点设置岩粉棚和水袋棚。

三、矿井火灾防治

（一）矿井火灾的原因

造成矿井火灾的主要原因有三个：①可燃物的存在；②有引燃火源；③有空气供给。三个要素缺少任何一个，火灾就不会发生。火灾发生后,去掉其中任何一个要素,火就会逐渐熄灭。这也是防火工作的根本依据。

可燃物是可以燃烧的物质,如煤、木支架、不阻燃的风筒布和输送带、电缆、瓦斯、燃油等。

热源是指具有一定温度和放出很多热量的火源。

空气供给提供了燃烧所需的氧气,使火灾得以发生和发展。

（二）矿井火灾的危害

1. 产生有害气体

井下发生火灾后,会产生大量的有害气体。高温火烟中,一氧化碳、二氧化硫等有害气体严重地威胁着人的生命安全。

2. 引起瓦斯、煤尘爆炸

在有瓦斯、煤尘爆炸危险的矿井内,处理火灾过程中容易引起爆炸事故,扩大灾情及伤亡。

3. 产生火风压

火风压是指火灾产生的高温烟流流经有高差的井巷所产生的附加风压。火风压常造成风流紊乱,使某些巷道的风流方向发生逆转,使火灾范围扩大,容易使灭火人员陷入火区。

4. 产生再生火源

炽热含挥发性的烟流与相连接巷道新鲜风流交汇后燃烧,使火源下风侧可能出现若干再生火源,煤炭资源大量被烧毁或冻结,损坏机械设备。

（三）矿井火灾的分类

根据发生火灾的原因不同,一般把矿井火灾分为两类:外因火灾和内因火灾。

1. 外因火灾

外因火灾是指外部火源引起的火灾。

外因火灾的特点是突然发生、火势凶猛、可防性差。外因火灾可能发生在井下任何地点,但多数发生在井口房、井筒、机电硐室、火药库以及安装有机电设备的巷道或工作面内。如果不能及时处理，往往可能造成特大事故。

2. 内因火灾

内因火灾又称自燃火灾。由于煤炭或其他易燃物自身氧化集热、发生燃烧引起的火灾。

内因火灾的特点是发生在有限的条件下，有预兆，燃烧过程较为缓慢，伴生有害气体，不易早期发现，且火源隐蔽，有些发火地点很难接近，灭火难度大，时间长。内因火灾大多数发生在采空区、遗留的煤柱、破裂的煤壁、煤巷的冒高处以及浮煤堆积的地点。

(四) 外因火灾的预防措施

1. 杜绝产生火源

(1) 井下严禁使用明火和吸烟。井口房和通风机房附近20 m范围内，不得有烟火或用火炉取暖。

(2) 井下进行电焊、气焊时，要制定专门、可靠的安全措施。

(3) 使用煤矿许用安全炸药，要严格执行爆破规定，不准用明火或其他电力电源爆破。

(4) 采用矿用防爆型电气设备，并使其性能完好。电缆敷设符合《煤矿安全规程》的要求，避免产生电火花。保护系统要安装齐全。井下严禁使用灯泡取暖和使用电炉。

(5) 机械设备要灵活可靠符合要求，避免产生摩擦火花。

2. 设置防火门

进风井口设置防火铁门，使能严密遮盖井口，易关闭，防止井口附近地面火灾波及井下。各生产水平进风大巷与井底车场的连接处要设 2 道防火门，以便在某一翼发生火灾时能迅速切断风流，控制火势。在井下火药库和机电硐室出入口也要安设防火门。

3. 设置消防器材和灭火设备

井下要按规定设消防材料库，储备灭火材料和工具，并要定期检查和更换。

4. 设置消防供水系统

每个矿井都要建地面消防水池,储存消防用水,井下各主要巷道、采区应铺设消防水管,每隔一定距离设置消防水闸门。

(五)内因火灾的预防措施

1. 减少各种发火隐患

(1)开采技术方面:正确选择矿井的开拓方式,合理布置采区;正确选择采煤方法和开采程序;加强顶板管理,提高采煤率,加快采煤速度,不得采掘按规定留设的阶段之间和采区之间的煤柱;进行预防性灌浆,注阻化剂、惰性气体等。

(2)通风技术方面:选择合理的通风方式;正确设置控制风流的设施;加强通风防火管理。

2. 掌握自然发火预兆

掌握自然发火预兆,及时进行发火预测、预报,把自然发火消灭在初始阶段。

3. 及时处理各种发火隐患

对采掘生产过程遗留下的发火隐患要及时处理,降低自然发火的概率。

四、矿井水灾防治

(一)矿井涌水来源及危害

矿井水来源于地表水和地下水。

1. 地表水

地表水主要是指矿区附近地面的江河、湖泊、池沼、水库、废弃的露天坑、塌陷坑积水以及雨水和冰雪融化汇集的水。地表水可能沿开采塌陷裂缝涌入井下,雨季在不能及时排出矿区大量降雨时,雨水可能通过土层的孔隙和岩层的细微裂缝渗透到井下,在较短时间内把井巷或整个矿井淹没。

2. 地下水

地下水主要是指含水层水、断层裂缝水和老空积水。这些水源可能从各种通道和岩层裂缝渗透进入井下，是水灾的主要来源。

(二) 矿井水的危害

(1) 井下巷道和采掘工作面出现淋水时，空气潮湿，人易患风湿病。

(2) 矿井水腐蚀井下各种金属设备、支架、轨道等设施。

(3) 如果发生突水和透水，就可能淹没采掘工作面或矿井，造成人员伤亡。

(三) 矿井水灾事故的防治

1. 地表防治水

地表防治水可以概括为"疏、防、排、蓄"四个字。

(1) 疏。如果矿井四面是山，降水与地表水流不出去，可以开凿泄洪隧道，把矿区内汇集的水疏通到矿区外。

(2) 防。矿井井口标高，以及地面建筑物的基础标高，都应高于当地历年的最高洪水位。矿井受山洪威胁时，在山坡上应修挖防洪沟堵截山洪。矿区地表的塌陷区，包括塌陷裂缝、塌陷洞等，要堵塞、填平压实。对漏水的沟渠、河流，应该整铺河底或改道。报废的地面钻孔要及时封好，防止地表水流入井下。

(3) 排。对洪水季节河水有倒流现象的矿区，应在泄洪总沟的出口处建立水闸，设置排洪站，以备河水倒灌时用水泵向外排水。

(4) 蓄。在矿区上游有利地形修建水库，雨季前把水放到最低水位，以争取最大蓄洪量，减少对矿井的威胁。

2. 井下防治水

井下水害防治比较复杂，要根据矿井的实际水患情况采取具体的防治措施。

（1）做好矿井地质和水文地质观测工作，查明水源，调查老空，掌握用水通道。

（2）超前探水。"预测预报，有疑必探，先探后掘，先治后采"是防治矿井水灾的重要原则。

第三节　矿山自救互救基础知识

一、井下避灾的行动原则、准则

（一）井下避灾的行动原则

矿井发生事故后，矿山救护队不可能立即到达事故地点进行抢救。事实证明，在事故初期，事故现场人员如能及时采取措施，正确开展自救互救，则可降低事故危害程度，减少人员伤亡。现场人员必须根据本人工作环境的特点，认识和掌握常见灾害事故的规律，了解事故发生前的预兆，通过学习牢记各种事故的避灾要点，努力提高自己的自主保安意识和抗灾能力。

井下避灾（发生事故时在场人员）的基本行动原则如下：

1. 及时报告灾情

灾害事故发生后，事故地点附近的作业人员应尽快了解或判断事故的性质、地点和灾害程度，迅速利用最近处的电话或其他方式向矿调度室汇报灾情，并迅速向事故可能波及区域发出警报，让其他作业人员知道灾情，以便采取应对措施。

2. 积极抢救

发生灾害事故后，处于灾区内及其受威胁区域的人员应沉着冷静。根据灾情和现场条件，在保证自身绝对安全的前提下，采取积极有效的措施和方法，及时进行现场抢险，将事故消灭在初始阶段或控制在最小范围，最大限度地减少灾害事故造成的损失。

3. 安全撤离

当受灾现场不具备事故抢救的条件,或可能危及人员安全时,应由现场负责人或老师傅带领,按照矿井灾害预防和处理计划中规定的撤退路线和当时当地的实际情况,尽量选择安全条件最好、撤退距离最短的路线,迅速组织人员有序地撤离危险区域。

4. 妥善避灾

当撤退通道因冒顶堵塞,在自救器有效工作时间内不能到达安全地点时,遇险人员必须迅速进入预先筑好的或就近临时建筑的避难硐室,妥善避灾,耐心等待矿山救护队的援救。

(二)撤离灾区时应遵守的行动准则

(1)沉着冷静;

(2)认真组织;

(3)团结互助;

(4)选择正确的避灾路线;

(5)加强安全防护;

(6)撤退中时刻注意风向及风量的变化,注意是否出现火、烟或爆炸征兆。

(三)在灾区避灾的行动准则

(1)选择适宜的避灾地点。

(2)保持良好的精神心理状态。

(3)加强安全防护。

(4)改善避灾地点的生存条件。

(5)积极同救护人员取得联系。

(6)积极配合救护人员的抢救工作。

(四)避难时的注意事项

(1)在室外留有明显标志(如矿灯、衣物)。

(2)保持安静不急躁,尽量俯卧于巷道底板或水沟内。

(3)室内只留一盏矿灯。

（4）发出呼吸信号（如敲打铁管或岩石，但不能敲打支架）。

（5）团结互助，坚定信心，相互安慰。

（6）时刻注意避难地点气体和顶板情况。遇到烟气侵袭等情况时，应采取安全措施或设法安全撤离。

二、自救器的使用

《煤矿安全规程》规定："入井人员必须随身携带自救器"。自救器有过滤式和隔离式两类。现主要介绍隔离式自救器的使用。

隔离式自救器的防护特点是：佩戴人员呼吸时所需氧气，由自救器本身供给，与外界空气隔绝。隔离式自救器按作用原理分为化学氧隔离式自救器和压缩氧隔离式自救器。

1. 化学氧隔离式自救器

化学氧自救器是利用化学生氧物质产生氧气，供矿工从灾区撤退脱险用的呼吸保护器。

（1）化学氧隔离式自救器的防护特点：

① 提供人员逃生时所需氧气。

② 整个呼吸在人体与自救器之间循环进行，与外界空气成分无关，能防护各种毒气。

③ 用于从火灾、爆炸、突出的灾区中逃生。

（2）化学氧隔离式自救器的使用方法：

① 佩用位置：将腰带穿入腰带环内，并固定在背部后侧腰间。

② 开启扳手：使用时，先将自救器沿腰带转到右侧腹前左手托底，右手下拉护罩胶片，使护罩挂钩脱离壳体并丢掉。再用右手掰锁口带扳手至封条断开后，丢开锁口带。

③ 去掉上外壳：左手抓住下外壳，右手将上外壳用力拔下丢掉。

④ 套上挎带：将挎带套在脖子上。

⑤ 提起口具并立即佩戴好：用力提起口具，靠拴在口具与启动环间的尼龙绳的张力将启动针拔出，此时气囊逐渐鼓起。立即

拔掉口具塞并同时将口具放入口中,口具片置于唇齿之间,牙齿紧紧咬住牙垫,紧闭嘴唇。若尼龙绳被拉断,气囊未鼓,可以直接拉起启动环。

⑥ 夹好鼻夹:两手同时抓住两个鼻夹垫的圆柱形把柄,将弹簧拉开,憋住一口气,使鼻夹垫准确夹住鼻子。

⑦ 调整挎带,去掉外壳:如果挎带过长,抬不起头,可以拉动挎带上的大圆环,使挎带缩短,系在小圆环上,然后抓住下外壳两侧,向下用力将外壳丢掉。

⑧ 系好腰带:将腰带上头绕过后腰插入腰带另一头圆环内系好。

⑨ 退出灾区:上述操作完毕后,开始撤离灾区。若感到吸气不足时,应放慢脚步,做长呼吸,待气体充足再快步行走。

(3) 使用化学氧隔离式自救器的注意事项:

① 使用自救器时,应注意观察漏气指示器的变化情况,如发现指示变红,则仪器需要维护,并停止使用。

② 携带自救器时,尽量减少碰撞,严禁当坐垫或用其他工具敲砸自救器,特别是内罐。

③ 长期存放处应避免日光照射和热源直接影响,不要与易燃和有强腐蚀性物质同放一室,存放地点应尽量保持干燥。

④ 过期和不能使用的自救器,可以打开外壳,拧开启动器盖,用水充分冲洗内部的生氧药品,然后才能处理,切不可乱丢内罐和药品,以免引起火灾事故。

2. 压缩氧隔离式自救器

压缩氧隔离式自救器可以防止有毒、有害气体对人身的伤害,利用压缩氧气供氧的隔离式呼吸保护器,可反复多次使用。

(1) 压缩氧隔离式自救器的防护特点:

① 提供人员逃生时所需氧气,能防护各种毒气。

② 可反复多次重复使用。

③ 用于有毒气或缺氧的环境条件下。

④ 可用于压风自救系统的配套装备。

（2）压缩氧自救器（AZY—40 隔绝式）使用方法：

① 将自救器从佩戴时的腰部侧面移到人体正前面。

② 用左手水平用力拉着力环，使上壳上的塑料挂钩从下壳脱出；用右手解开上下外壳的金属连接扣鼻，再用手沿竖直方向将上壳提起，使上下壳脱离。这样就完成了自救器的启封。

③ 取下口具，将口具放在唇齿之间，牙齿紧紧咬住口具牙垫，并紧闭嘴唇，使人体口腔与口具之间有可靠的气密。

④ 逆时针转动气瓶把手，然后马上沿水平轴向按动手动供气阀，气囊鼓起后松开手指，迅速掰开鼻夹夹住鼻翼两侧，使鼻腔与外界隔绝，用嘴通过口具呼吸。

⑤ 使用过程中应每隔 3～4 min 按动手动供气阀，向气囊及时手动供气。气囊鼓起后，停止手动供气。

（3）使用压缩氧隔离式自救器的注意事项：

① 高压氧瓶储装有 20 MPa 的氧气，携带过程中严禁开启搬把，要防止撞击磕碰，或当坐垫使用。不要无故开启自救器，严禁用重物及其他工具砸自救器。

② 入井前要注意观察压力表指示值，若指示值低于 18 MPa，则需对其充氧后方可保证有效使用时间。

③ 使用该仪器的人员，应预先进行实践培训，以便能在最短的时间内完成佩戴动作。在使用过程中，最好用右手抚住氧气瓶开关体，以便能及时按动手动补气阀向气囊内供氧气。

④ 佩戴本自救器撤离时，严禁通过或摘掉口具讲话，以免口具脱落吸入有害气体。

⑤ 用手动补氧时，切不可将气囊充得太满，以刚好充满而口内又无压迫感为宜。否则，人会感到呼气困难和造成口具脱落。

⑥ 要随时观察压力表,以掌握耗氧情况及撤离灾区的时间。

⑦ 使用过程中,要保持沉着,呼吸要慢而深,以便二氧化碳被充分吸收。在使用 10 min 左右后,温度会略有上升,不必惊慌。由于口具、软管、气囊均属于橡胶制品,有个别人咬上口具后会出现呕吐的感觉,此时要调整好心态,坚持住。

⑧ 鼻夹要夹准,不能怕痛,要使鼻孔完全闭合与外界隔绝。鼻夹夹的位置过高、过低均易造成脱落。若鼻子皮肤上有油脂,可涂上一些干灰,以增大摩擦,防止鼻夹滑落而吸入有害气体。如果发生鼻夹脱落,应立即闭气,并以最快的速度将鼻夹复位后,再撤离灾区。

⑨ 各部件应严格禁油。在未到达安全地点前严禁脱掉口具或鼻夹。使用中应特别注意防止利器刺伤气囊。长期存放处应避免日光照射和受暖气等热源直接影响,不要与易燃、易爆和有强腐蚀性的物质同放一室,存放地点应尽量保持干燥。

三、现场急救的原则及方法

搞好煤矿现场创伤急救的目的,在于尽可能地减轻伤员痛苦,防止病情恶化,防止和减少并发症的发生,并可挽救伤员生命。

(一)现场急救的基本原则

矿工互救必须遵守"三先三后"的原则:

(1)窒息(呼吸道完全堵塞)或心跳呼吸骤停的伤员,必须先进行人工呼吸或心脏复苏后再搬运。

(2)对出血伤员,应先止血,后搬运。

(3)对骨折的伤员,应先固定,后搬运。

(二)现场急救的关键

现场创伤急救的关键在于"及时",人员受伤害后,2 min 内进行急救的成功率可达 70%,4～5 min 内进行急救的成功率可达43%,15 min 以后进行急救的成功率则较低。据统计,现场创伤急救搞得好,可减少20％的伤员死亡。

（三）现场急救的方法

现场创伤急救的方法包括人工呼吸、心脏复苏、止血、创伤包扎、骨折的临时固定和伤员搬运。

1. 人工呼吸

人工呼吸适用于触电休克,溺水,有害气体中毒、窒息或外伤窒息等引起的呼吸停止、假死状态者。如果呼吸停止不久大都能通过人工呼吸抢救过来。

在施行人工呼吸前,先要将伤员运送到安全、通风良好的地点,将伤员领口解开,放松腰带,注意保持体温。腰背部要垫上软的衣服等。应先清除口中脏物,把舌头拉出或压住,防止堵住喉咙,妨碍呼吸。各种有效的人工呼吸必须在呼吸道畅通的前提下进行。常用的方法有口对口吹气法、仰卧压胸法和俯卧压背法3种。

2. 心脏复苏

心脏复苏操作方法主要有心前区叩击术和胸外心脏按压术两种。

3. 止血法

止血方法很多,常用暂时性的止血方法有以下几种:

（1）指压止血法;

（2）加垫屈肢止血法;

（3）绞紧止血法;

（4）止血带止血法;

（5）加压包扎止血法。

4. 创伤包扎

常用的包扎方法有布条包扎法和毛巾包扎法。

5. 骨折的临时固定

骨折的临时固定可减轻伤员的疼痛,防止因骨折端移位而刺伤邻近组织、血管、神经，也是防止创伤休克的有效急救措施。

6. 伤员搬运

搬运时应尽量做到不增加伤员的痛苦，避免造成新的损伤及合并症。现场常用的搬运方法有担架搬运法、单人或双人徒手搬运法等。

第二章　机械、电气基础知识

第一节　机械制图基础知识

一、机械制图基本知识

机械制图是指导现代生产和建设的重要技术文件,国家对图样画法、尺寸注法等作了统一的规定。工程技术人员应严格遵守,并认真贯彻国家标准。

（一）识图的基本知识

1. 正投影法和视图

在机械制图中,通常假设人的视线为一组平行的且垂直于投影面的投影线,这样在投影面上所得到的正投影称为视图。

一般情况下,一个视图不能确定物体的形状。如图 2-1 所示,两个形状不同的物体,它们在投影面上的投影都相同。因此,要反映物体的完整形状,必须增加由不同投影方向所得到的几个视图,互相补充,才能将物体表达清楚。

2. 三视图的形成

（1）三投影面体系的建立

三投影面体系由三个互相垂直的投影面所组成,如图 2-2 所示。在三投影面体系中,三个投影面分别为:

正立投影面:简称为正面,用 V 表示;

水平投影面:简称为水平面,用 H 表示;

侧立投影面:简称为侧面,用 W 表示。

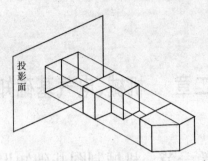

图 2-1　一个视图不能确定物体形状

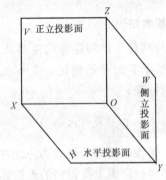

图 2-2　三投影面体系

（2）三视图的形成

将物体放在三投影面体系中，物体的位置处在人与投影面之间，然后将物体对各个投影面进行投影，得到三个视图，这样才能把物体的长、宽、高三个方向，上下、左右、前后六个方位的形状表达出来，如图 2-3（a）所示。三个视图分别为：

主视图：从前往后投影，在正立投影面上所得到的视图。

俯视图：从上往下投影，在水平投影面上所得到的视图。

左视图：从左往右投影，在侧立投影面上所得到的视图。

（3）三投影面体系的展开

在实际作图中，为了画图方便，需要将三个投影面在一个平面(纸面)上表示出来,这样就得到了在同一平面上的三视图,如图 2-3(b)所示。

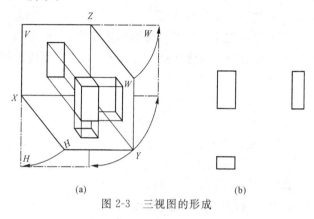

(a)   (b)

图 2-3　三视图的形成

3.三视图的投影关系

从图 2-4 可以看出,一个视图只能反映两个方向的尺寸,主视图反映了物体的长度和高度,俯视图反映了物体的长度和宽度,左视图反映了物体的宽度和高度。归纳出三视图的投影规律:

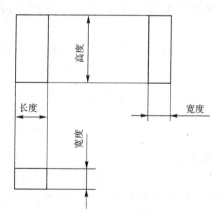

图 2-4　视图间的"三等"关系

主、俯视图"长对正"(即等长);

主、左视图"高平齐"(即等高);

俯、左视图"宽相等"(即等宽)。

三视图的投影规律反映了三视图的重要特性,也是画图和读图的依据。无论是整个物体还是物体的局部,其三面投影都必须符合这一规律。

注意:以主视图为中心,俯视图、左视图靠近主视图的一侧为物体的后面,远离主视图的一侧为物体的前面。

（二）读图的基本方法

1. 读图的基本要领

(1) 理解视图中线框和图线的含义;

(2) 将几个视图联系起来进行读图。

2. 读图的基本方法——形体分析法

读图的基本方法主要是用形体分析法。根据机件的特点,将其分成大致几个部分,然后逐一将每一部分的几个投影对照进行分析,想象出其形状,并确定各部分之间的相对位置和组合形式,最后综合想象出整个物体的形状。这种读图方法称为形体分析法。

读图步骤:① 抓特性,分线框。② 对投影,识形体,定位置。③ 合起来,想整体。

一般的读图顺序是:先看主要部分,后看次要部分;先看容易确定的部分,后看难以确定的部分;先看某一组成部分的整体形状,后看其细节部分形状。

（三）机件的表达方式

1. 机件外部形状的表达——视图

视图是机件向投影面投影所得的图形机件的可见部分,必要时才画出其不可见部分。视图分为:基本视图、向视图、局部视图和斜视图。

2. 机件内部形状的表达——剖视图

用一假想剖切平面剖开机件,然后将处在观察者和剖切平面之间的部分移去,而将剩余部分向投影面投影所得的图形,称为剖视图。按剖切范围的大小,剖视图可分为全剖视图、半剖视图、局部剖视图。

3. 机件断面形状的表达——断面图

用一假想剖切平面将机件在某处切断,只画出切断面形状的投影并画上规定的剖面符号的图形,称为断面图。断面图分为移出断面图和重合断面图两种。

(四)公差与配合

1. 互换性与公差

所谓零件的互换性,就是从一批相同的零件中任取一件,不经修配就能装配使用,并能保证使用性能要求,零部件的这种性质称为互换性。零部件具有互换性,不但给装配、修理机器带来方便,还可用专用设备生产,提高产品数量和质量,同时降低产品的成本。要满足零件的互换性,就要求有配合关系的尺寸在一个允许的范围内变动,并且在制造上又是经济合理的。

在加工过程中,不可能把零件的尺寸做得绝对准确。为了保证互换性,必须将零件尺寸的加工误差限制在一定的范围内,规定出加工尺寸的可变动量,这种规定的实际尺寸允许的变动量称为公差。

2. 配合

基本尺寸相同、相互结合的孔和轴公差带间的关系称为配合。

(1)配合的种类

① 间隙配合:孔的公差带完全在轴的公差带之上,任取其中一对轴和孔相配都成为具有间隙的配合(包括最小间隙为零)。

② 过盈配合:孔的公差带完全在轴的公差带之下,任取其中

一对轴和孔相配都成为具有过盈的配合(包括最小过盈为零)。

③ 过渡配合:孔和轴的公差带相互交叠,任取其中一对孔和轴相配合,可能具有间隙,也可能具有过盈的配合。

(2) 配合的基准制

① 基孔制:基本偏差为一定的孔的公差带,与不同基本偏差的轴的公差带构成各种配合的一种制度称为基孔制。基孔制的孔称为基准孔。国家标准规定基准孔的下偏差为零,"H"为基准孔的基本偏差。

② 基轴制:基本偏差为一定的轴的公差带与不同基本偏差的孔的公差带构成各种配合的一种制度称为基轴制。基轴制的轴称为基准轴。国家标准规定基准轴的上偏差为零,"h"为基轴制的基本偏差。

(五) 读零件图和装配图

1. 读零件图

机器或部件都是由许多零件装配而成,制造机器或部件必须首先制造零件。零件图是表单个零件的图样,它是制造和检验零件的主要依据。零件图的内容包括图形、尺寸、技术要求和标题栏。

(1) 要求

① 了解零件的名称、用途、材料和数量等。

② 了解组成零件各部分结构形状的特点、功用,以及它们之间的相对位置;

③ 了解零件的尺寸标注、制造方法和技术要求。

(2) 读零件图的方法和步骤

① 看标题栏。首先看标题栏,了解零件的名称、材料、比例等,并浏览全图,对零件有个概括了解。

② 表达方案分析。根据视图布局,首先确定主视图,围绕主视图分析其他视图的配置。对于剖视图、断面图要找到剖切位置

及方向,对于局部视图和局部放大图要找到投影方向和部位,弄清楚各个图形彼此间的投影关系。

③ 形体分析。首先利用形体分析法将零件按功能分解为主体、安装、连接等几个部分,然后明确每一部分在各个视图中的投影范围与各部分之间的相对位置,最后仔细分析每一部分的形状和作用。

④ 分析尺寸和技术要求。根据零件的形体结构,分析确定长、宽、高各方向的主要基准。分析尺寸标注和技术要求,找出各部分的定型和定位尺寸,明确哪些是主要尺寸和主要加工面,进而分析制造方法等,以便保证质量要求。

⑤ 综合考虑。将零件的结构形状、尺寸标注及技术要求综合起来,就能比较全面地阅读这张零件图。

在实际读图过程中,上述步骤常常是穿插进行的。

2. 读装配图

表示机器(或部件)的图样称为装配图。

(1) 要求

① 了解部件的名称、用途、性能和工作原理。

② 弄清各零件间的相对位置、装配关系和装拆顺序。

③ 弄懂各零件的结构形状及作用。

(2) 读装配图的方法和步骤

① 概括了解。由标题栏、明细栏了解部件的名称、用途以及各组成零件的名称、数量、材料等,对于有些复杂的部件或机器还需查看说明书和有关技术资料,以便对部件或机器的工作原理和零件间的装配关系做深入的分析了解。

② 分析各视图及其所表达的内容。

③ 弄懂工作原理和零件间的装配关系。

④ 分析零件的结构形状。

在弄懂部件工作原理和零件间的装配关系后,分析零件的结构形状,可有助于进一步了解部件结构特点。

第二节　金属材料基础知识

一、金属的机械性能

所谓金属的机械性能,是指金属抵抗外力的能力。机械性能的基本指标有强度、塑性、硬度、冲击韧性和疲劳强度等。

当金属材料受外力作用时,这种外力称为载荷(或称负荷、负载);受外力作用后的形状改变称为变形。

载荷因其作用性质不同,可以分为静载荷、冲击载荷和交变载荷等。冲击载荷是指突然增加的载荷;交变载荷是指大小或方向作周期性变化的载荷。

材料受载荷作用后的变形有拉伸(压缩)、剪切、扭转和弯曲4种基本变形形式。

1. 强度

所谓强度是指材料在载荷作用下抵抗塑性变形和破坏的能力。材料的强度指标有抗拉强度、比例极限和屈服极限。其中抗拉强度和屈服极限是常用的两个工程技术指标。

(1) 抗拉强度

材料受拉而不被破坏的最大应力称为强度极限,符号为σ_b。

机械零件在选用金属材料时不允许超过它的强度极限。材料的强度极限越高,能承受的应力就越大。

(2) 屈服极限

金属材料受拉时,在载荷不增加的情况下仍能发生明显塑性变形时的应力,称为屈服极限,符号为σ_s。

屈服极限是选用金属材料时非常重要的机械性能指标,机械零件所受的应力,一般都应小于屈服极限,否则就会产生明显的塑性变形。

2. 塑性

塑性是材料在断裂前发生永久变形的能力。金属材料的塑性指标通常用延伸率和断面收缩率来表示。

(1) 延伸率

延伸率是试样拉断后标距增长量与原始标距长度之比值的百分率。

(2) 断面收缩率

断面收缩率是试样断口面积的缩减量与原截面面积之比值的百分率。

延伸率和断面收缩率用来衡量材料的塑性,数值越大,表示塑性越好。

3. 硬度

硬度是指金属材料抵抗局部变形,特别是塑性变形、压痕或划伤的能力。通常材料硬度越高,耐磨性越好,强度也越高。

常用的测定硬度的方法有布氏硬度测试法和洛氏硬度测试法。工程上应用较为普遍的是布氏硬度(HB)和洛氏硬度(HRC),前者主要应用于较软的材料,后者主要应用于较硬的材料。

4. 冲击韧性

冲击韧性是指金属材料在冲击载荷的作用下折断时吸收变形能量的能力,冲击韧性在冲击试验机上进行。

5. 疲劳强度

疲劳是指在循环应力和应变作用下在一处或几处产生局部永久性累积损伤,经一定循环次数后产生裂纹或突然产生断裂的过程。这种破坏称为疲劳破坏(或疲劳断裂)。

金属材料在多次重复的交变载荷作用下,而不致引起断裂的最大应力,称为疲劳强度或称疲劳极限。

二、常用金属材料

常用的金属材料一般都是合金。合金指的是由两种或两种以上金属元素或金属元素与非金属元素组成的具有金属特性的物质。常用钢铁材料性能见表 2-1。

表 2-1　　　　　　　　常用钢铁材料的性能及应用举例

型　　号		拉伸强度极限 σ_b/ ($\times 10^6$ Pa)	弯曲强度极限 σ_B/ ($\times 10^6$ Pa)	压缩强度极限 σ_c/ ($\times 10^6$ Pa)	硬度 HB	弹性模量 E/GPa	应用举例
类铸铁	HT20-40	200	400	750	170～220	80～100	机壳、底架、一般机器零件
	HT25-47	250	470	1 000	175～240	100～130	一般机器零件
	HT30-54	300	540	1 100	180～250	130	重载零件与薄壁零件

型　　号		拉伸强度极限 σ_b/ ($\times 10^6$ Pa)	屈服极限 σ_s/ ($\times 10^6$ Pa)	延伸率 σ/%	硬度 HB	弹性模量 E/GPa	应用举例
球墨铸铁	QT40-10	400	300	10.0	156～197	175	一般机器零件
	QT45-5	450	330	5.0	170～207	175	齿轮
	QT50-1.5	500	380	1.5	187～255	175	曲轴

型　　号		拉伸强度极限 σ_b/ $\times 10^6$ Pa	屈服极限 σ_s/ $\times 10^6$ Pa	延伸率 δ/%	硬度 HB（正火回火）	硬度 HRC（表面淬火）	应用举例
铸钢	ZG35	500	280	16	≥143	40～45	机架、一般机器零件
	ZG45	580	320	12	≥153	40～50	重载零件，如齿轮
	ZG42SiMn	600	380	12	163～217	45～53	重载耐磨零件，如齿轮
	ZG55	650	350	10	169～229	45～55	重型机械重要零件，如齿轮
普通碳素钢与优质碳素钢	A3	410～430	230	26	126～159	—	金属结构件、一般紧固件
	08F	320	180	35	≥131	—	垫片等冲压件
	20	400	220	24	103～156	—	锻压件、中等载荷零件
	35	520	270	18	149～187	35～45	受载较大的零件如轴、螺栓
	45	600	300	15	170～217	40～50	重载耐磨零件，如齿轮
	55	660	330	12	187～229	45～55	轮缘、不重要的小板簧

型　号		拉伸强度极限 $\sigma_b/$ $\times 10^6$ Pa	屈服极限 $\sigma_s/$ $\times 10^6$ Pa	延伸率 $\sigma/\%$	HB （调质）	HRC （表面淬火）	应用举例
合金结构钢	35SiMn	800	520	15	229～286	45～55	中小尺寸的轴、齿轮、重要紧固件
	40Cr	750	550	15	241～286	48～55	中载重要零件,如齿轮轴
	42SiMn	800	520	15	217～269	45～55	大型重载零件,如大齿轮齿圈
	40MnB	750	550	12	241～286		可用 40Cr 的代用品
	20CrMnTi	1 100	850	10		56～62 （渗碳）	重要渗碳零件,如齿轮
	38CrMoAlA	1 000	850	14		$HV>850$ （氮化）	重载氮化零件,如齿轮、主轴

1. 钢的分类及应用

钢的种类繁多,按化学成分来分,可概括为碳素钢和合金钢两大类。此外,还可按用途划分为结构钢、工具钢和特殊性能钢 3 类;按质量划分为普通钢、优质钢和高级优质钢 3 类。

由于磷、硫在低温或高温下能引起钢的脆性,故按质量分类时要规定钢中的磷、硫含量。在普通钢中,允许含磷量应不大于 0.045%,含硫量应不大于 0.055%;在优质结构钢中,含磷量不大于 0.04%,含硫不大于 0.045%;对于工具钢,磷、硫含量分别不大于 0.04%。在高级优质钢中,要求磷、硫的含量分别不大于 0.03%。

工业生产中通常称钢铁为黑色金属,而称铜、铝、镁、铅等及它们的合金为有色金属。由于有色金属具有某些特殊的性能,如良好的导热性、导电性及耐腐蚀性,已成为现代工业技术中不可缺少的重要材料。

2. 截齿常用材料

矿用截齿是采煤及巷道掘进机械中的易损件之一,是落煤及碎煤的主要工具,常用镐型截齿。常用刀体材质多为 42CrMo、

35CrMnSi 等钢种,也有采用国内新研制的 Si-Mn-Mo 系准贝氏体钢。热处理工艺煤炭行业截齿生产标准规定:截齿刀体硬度为 $40\sim45HRC$,冲击韧性不小于 49 J/cm²。在生产过程中,截齿刀体材料应通过热处理达到或超过要求规定的力学性能指标。矿用截齿是落煤及碎煤的主要工具,它的性能好坏直接影响采煤机械生产能力的发挥、功率的消耗、工作平稳性和其他相关零部件的使用寿命。

(1) 截齿的种类

截齿的种类很多,一般结构是在经淬火、回火处理的低合金结构钢刀体上镶嵌硬质合金刀头。截齿在工作时承受高的周期性压应力、切应力和冲击负荷。

(2) 截齿的失效形式

截齿的主要失效形式为刀头脱落、崩刀和刀头、刀体磨损,在某些工况条件下也经常因为刀体折断造成截齿的失效。由于截齿刀体的机械性能好坏直接影响截齿的使用寿命,所以合理选择截齿刀体的材质和有效的热处理方式,对减少截齿刀体的磨损折断、降低采煤机截齿消耗量、提高采煤机械运转率、增加采煤生产的综合经济效益,都有积极的意义。

(3) 截齿刀体常用材质

截齿在切割煤岩时承受高的周期性压应力、切应力和冲击负荷,煤的硬度虽不是很高,但其中经常会遇到煤矸石等硬的矿料,切割煤岩过程中由于摩擦、冲击,还会造成截齿温度升高,在如此复杂的工况条件下工作的截齿,就要求其刀体既要耐磨又应具有较好的耐冲击性能。截齿刀体一般采用低合金结构钢制造。

① 42CrMo 钢具有强度高、淬透性高、韧性好、淬火变形小、在高温时有高的蠕变和持久强度等特点。42CrMo 钢经热处理后,有较高的疲劳极限和抗多次冲击能力,低温冲击韧性良好。

② 35CrMnSi 钢也是淬透性较好的材质,经适当的热处理后

可得到强度、硬度、韧性和疲劳强度较好的综合力学性能,能适应采煤生产较复杂的工况条件。

③ Si-Mn-Mo 系准贝氏体钢是国内科研单位研制的新型截齿刀体材料的一种,其特点是经过合金成分的合理设计,使材质具有较好的热处理工艺性能,热处理后使钢的强度、韧性、耐磨性能满足截齿力学性能要求。

能够适合截齿工况条件的钢种还有很多,截齿制造过程中可根据截齿种类及具体工况选择合适的截齿刀体材质。

(4)截齿刀体生产过程中的热处理工艺

42CrMo 材质刀体的常规热处理工艺为:840 ℃油淬+360~400 ℃回火。

35CrMnSi 材质刀体的常规热处理工艺为:880 ℃油淬+380~430 ℃回火。有条件的生产厂家也可采用 880 ℃加热保温+280~320 ℃等温淬火,然后空冷的热处理工艺。

Si-Mn-Mo 系准贝氏体钢采用的热处理工艺是:880 ℃正火+回火热处理工艺。热处理后可获得由贝氏体、铁素体和残留奥氏体组成的准贝氏体组织,具有良好的强韧性配合和高的耐磨性。

第三节 液压传动基础知识

一、液压传动的工作原理

液压传动是借助处在密封容积内的液体来传递能量和动力,又可称为容积式液压传动。其工作原理以液压千斤顶为例来说明。液压千斤顶工作原理如图 2-6 所示。小活塞与小液压缸、大活塞与大液压缸组成了两个密封又可变化的工作容积。当向上提手柄时,小活塞向上运动,小活塞下部的密封容积增大,形成真空。在大气压力的作用下,油箱中的油液经油管、单向阀 4 进入小液压缸。当向下压手柄时,小活塞向下运动,密封容积变小,使小液压缸内的油液受到挤压。由于这时单向阀 4 已关闭,被挤压的油液便打开单向阀 5 进入大液压缸,迫使大活塞向上移动顶起重物。反复扳动手柄,油液就不断地输入大液压缸下腔,推动大活塞以一定的速度上升,使重物升到所需高度。工作完毕后,打开放油阀 11,在重物作用下,大活塞下部的密封容积缩小,油液排回油箱,重物下降复位。

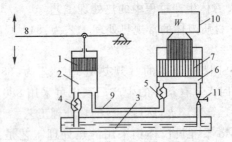

图 2-6　液压千斤顶工作原理示意图

1——小活塞;2——小液压缸;3——油箱;4、5——单向阀;6——大液压缸;
7——大活塞;8——手柄;9——管道;10——重物;11——放油阀

二、液压传动系统的组成

一个完整的液压系统由以下 5 个基本部分组成:

(1)动力元件,即液压泵。它是将电动机输入的机械能转换为工作液体的液压能的机械装置,其作用是为液压系统提供压力油,它是液压系统的动力源。

(2)执行元件,即液动机。它是将液压泵提供的工作液体的液压能转换为驱动负载的机械能的装置,其作用是在压力油的推动下输出力矩和转速(力和速度),以驱动工作部件。做往复直线运动的液动机称为液压缸;做连续旋转运动的液动机称为液压马达。

(3)控制元件,指各种液压控制阀,如溢流阀、节流阀、换向阀等。它们的作用是控制液压系统的压力、流量和液流方向,以保证执行元件完成预期的工作或运动。

(4) 辅助元件,包括油箱、油管、滤油器、蓄能器、冷却器、回热器及监测仪表等。这些元件的功能是多方面的,各不相同,但都是保证液压系统正常工作而不可缺少的元件。

(5) 工作液体,通常指液压油和乳化液等。它是液压系统中能量的载体,是传递力和运动的介质,是液压系统中最基本的一个组成部分。

三、液压泵

1. 液压泵的工作原理

图 2-7 为单柱塞泵的结构简图。电动机通过曲柄连杆机构带动柱塞在缸孔内做往复运动。当柱塞向右运动时,前面的密封容积 A 由小变大,形成局部真空,油箱中的油液在大气压力的作用下打开吸液阀 1 进入 A 腔,这一过程称为吸液过程。在吸液过程中,排液阀 2 关闭,将低压密封容积与排液管隔开。当柱塞向左运动时,密封容积 A 变小,腔内液体受挤压,压力增大,排液阀 2 便被打开,将液体从排液管排入液压系统,这一过程称为排液过程。在排液过程中,吸液阀关闭,将高压密封腔与低压侧分开。电动机不断旋转,柱塞就不断地做往复运动,就可实现连续不断的吸、排液,从而连续地向液压系统输送具有一定压力的工作液体。

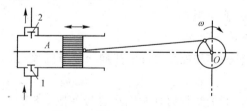

图 2-7　单柱塞泵的工作原理

1——吸液阀;2——排液阀

2. 常用液压泵的结构类型

在采掘机中,常用液压泵按结构不同可分为齿轮泵、叶片泵和柱塞泵。齿轮泵分外啮合齿轮泵和内啮合齿轮泵;叶片泵分单作用叶片泵和双作用叶片泵;柱塞泵分径向柱塞泵和轴向柱塞泵。

四、液压马达

液压马达是液压传动系统中的执行元件,它将液压泵输出的液体压力能转换成旋转运动的机械能,并以转矩和转速的形式表现出来。

在采煤机上常采用的液压马达一般分为如下几类:

(1)按转速不同分为高速马达、中速马达和低速马达。

(2)按结构型式不同分为齿轮式液压马达、叶片式液压马达和柱塞式液压马达。

五、液压控制阀

液压控制阀在液压系统中是用来控制液体压力、调节流量、改变液动方向,从而满足工作机构实现不同工作循环所需要的力(力矩)、运动速度和运动方向的操纵控制装置。

(一)方向控制阀

方向控制阀在液压系统中是用于控制进入执行元件液流的通、断及改变流向,使工作机构停止、启动或改变运动方向的阀类,如单向阀、换向阀等。

1. 单向阀

单向阀的基本功能是允许液体向一个方向流动,而不允许反向通过。

普通单向阀的结构原理和图形符号如图 2-8 所示,它由阀体1、阀芯 2 和弹簧 3 等主要零件组成。

当工作液体从进液口 P_1 正向流入时,液压力克服作用在阀芯 2 上的弹簧力、阀芯 2 与阀体 1 间的摩擦力和阀芯的惯性,将阀芯 2 推开,液流通过阀芯 2 与阀体 1 之间的间隙,自出液口 P_2 流出;当液体从出液口反向流入时,阀芯 2 在液压力和弹簧力共同作用下,压向阀座,关闭阀口。

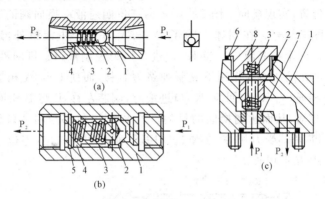

图 2-8 普通单向阀结构原理图

1——阀体;2——阀芯;3——弹簧;4——弹簧座;

5——弹簧圈;6——密封圈;7——阀座;8——顶盖

2. 换向阀

换向阀是利用阀芯与阀体之间相对位置的变化,来改变阀体上各阀口之间的连接关系,以达到接通、断开液路,改变工作液体流动方向,从而达到控制液动机的启动、停止和运动方向的目的。

(1)换向阀的分类

换向阀按阀的结构和运动方式,可分为滑阀和转阀;按阀芯的工作位置数量不同,可分为二位、三位、四位和多位阀;按阀口的数量(外接通口)不同,可分为二通、三通、四通、五通和多通阀;按阀的操纵方式不同,可分为手动、机动、电动、液动和电液动阀等。

(2)滑阀式换向阀

滑阀式换向阀阀芯沿阀体轴向做往复运动(阀体固定不动)来变换油液流动的方向,从而接通或关闭油路。在采煤机中常采用二位二通、二位三通、三位四通、三位五通等不同机能的滑阀，同时，也常采用手动、电动、液动等操纵方式的滑阀式换向阀。现以液动换向阀为例介绍其基本结构和工作原理。

液动换向阀是利用液压力来推动阀芯移动，改变它与阀体的相对位置，实现换向。图2-9所示为三位四通液动换向阀的结构图和图形符号。在阀体上除了P、T、A、B四个主液口外，还有K_1、K_2两个控制液口。当K_1口进入压力控制液，K_2口回液时，阀芯2在液压力的作用下克服弹簧力右移，而使P与A相通，B与T相通；当K_1口回液，K_2口进液时，阀芯左移，P与B相通，A与T相通，从而达到换向的目的。若K_1、K_2口都与回液口相通时，阀芯两端受力相等，在弹簧作用下，阀芯回到中位（零位），P、T、A、B互不相通。

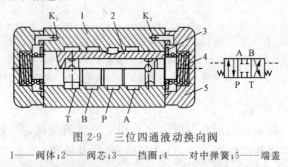

图2-9　三位四通液动换向阀
1——阀体；2——阀芯；3——挡圈；4——对中弹簧；5——端盖

在换向阀的图形符号中，方格的个数表示阀的工作位数；方格中的箭头表示相应两油口连通，箭头方向表示阀内液体的流动方向，箭头和方格的交点表示液流的通路；方格内用符号"⊥"或"⊤"表示相应油口在阀内被封闭。

（二）压力控制阀

压力控制阀用来控制或调节液压系统的工作压力。根据功能和用途的不同，压力控制阀可分为溢流阀、减压阀、顺序阀等。在采煤机械上使用最多的是溢流阀。

　　溢流阀的基本功能是：利用其阀口的溢流，使被控液压系统或回路的压力维持恒定，以实现调压、稳压和限压。通常把阀口常开、使系统压力恒定的阀称为溢流阀；而把阀口常闭、限制系统最高压力、起过载保护作用的阀称为安全阀。

　　溢流阀按结构可分为直动式溢流阀和先导式溢流阀两类。

　　在采煤机械的低压回路系统中常用直动式溢流阀。它按阀芯的形状不同可分为球阀[图 2-10(a)]、锥阀[图 2-10(b)和图 2-10(c)]两种。它的工作原理是在不计阀芯自重和其他摩擦的情况下，当进油口的液体压力 P 作用在阀芯的作用面积 A 上所产生的力能够克服弹簧的弹力时，溢流阀的阀芯被顶开，从而使压力液体经阀芯和阀座间隙流向溢流口至回液管路。反之，当进液口压力低时，阀芯在弹簧作用下被压紧在阀座上，阀不溢流。故溢流阀在液压系统中主要用于调定和稳定系统的压力。溢流阀开

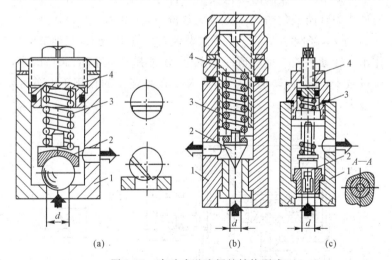

(a)　　　　　　　　(b)　　　　　(c)

图 2-10　直动式溢流阀的结构型式

(a) 球阀；(b) 锥阀；(c) 带导向部分的锥阀

1——阀体；2——阀芯；3——弹簧；4——调压螺栓

始溢流的压力大小取决于调压弹簧的刚度和预压缩量。如果选用较硬的弹簧,直动式溢流阀就可作安全阀使用。

溢流阀在液压系统中可有 3 种不同的应用方式:一是在液压管路和元件之间并联时,作溢流阀用;二是在液压管路和元件之间并联时,可作安全阀用(调压弹簧硬度不同);三是在液压管路和元件间串联时,可作背压阀用。

(三)流量控制阀

流量控制阀是利用改变阀孔的通流面积,来改变通过的流量大小,从而实现执行元件运动速度的改变。

节流阀是流量控制阀的一种,也是采煤机械中常用的一种流量控制阀。它分固定式节流阀(阀口面积大小不可调节)和可调节式节流阀(阀口面积大小可调)两种。

可调节式节流阀的结构及图形符号如图 2-11 所示。节流口的型式为轴向三角槽式。孔 A 为进液口,孔 B 为出液口。液流从孔 A 进入,经阀芯左端三角槽式节流口由孔 B 流出,起到节流的作用。转动手轮 3 推动顶杆 2,阀芯、压缩弹簧 4 左移,阀口减小,流量减少;反方向转动手轮 3,阀芯 1 在弹簧 4 的作用下右移,阀口增大,流量增加。

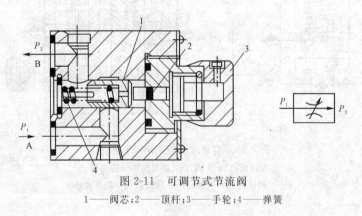

图 2-11　可调节式节流阀

1——阀芯;2——顶杆;3——手轮;4——弹簧

六、液压系统基本回路

为满足执行机构运动规律的要求，按一定的方式将系统中的有关液压元件组合起来，这种组合就叫液压系统。

由液压源（液压泵）和执行元件（液压马达或液压缸）所组成的回路，是液压系统的主体，称作主回路。液压系统可以按照液流在主回路中的循环方式、执行元件类型和系统回路的组合方式等进行分类。按工作液体的循环方式不同，液压系统可分为开式系统和闭式系统两种；按执行元件类型不同，可分为液压泵-液压马达系统和液压泵-液压缸系统；按系统周路的组合方式不同，可分为独立式系统（液压泵仅驱动 1 个执行元件）和组合系统（液压泵向 2 个以上执行元件供液）。

（一）压力控制回路

1. 调压和限压回路

（1）调压回路的作用是控制系统的压力不超过某一预先调定值，或是使系统在工作的各个阶段具有不同的工作压力。

在某些情况下，系统需要根据负载的大小，在各工作阶段获得不同的工作压力，这时需采用多级调压回路，如图 2-12 所示。图中，远程调压阀 3 的出液口被换向阀 4 关闭，泵 1 的供液压力 P_1 由溢流阀 2 调定。当换向阀 4 处于右位时，阀 3 的出液口与油箱连通，这时泵 1 的供液压力 P_1 就由阀 3 调定压力，否则阀 3 不起作用。

（2）限压回路的作用是限定系统的最大压力不超过某一预先调定值，防止系统过载，起安全保护作用。目前，在国产 MG 系列采煤机牵引液压系统中的高压保护就是典型的限压回路，如图 2-13所示。图中，溢流阀 4 用于限制液压泵 1、液压马达 2 的排、进口的最高压力。所以，在系统中也称阀 4 为高压安全阀。

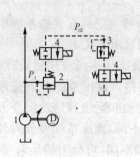

图 2-12　调压回路

1——液压泵；2——溢流阀；

3——远程调压阀；4——电磁阀

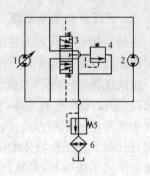

图 2-13　限压回路

1——液压泵；2——液压马达；

3——液控换向阀；4——溢流阀；

5——溢流阀；6——冷却器

2. 卸荷回路

卸荷回路的作用是使液压泵空载启动和运转。根据泵的功率计算公式可知，当泵的输出压力为零或输出流量为零时，泵的功率为零，故卸荷回路可分为使泵的输出流量为零和输出压力为零的卸荷回路。前者一般用变量泵实现，后者一般用液压阀来实现。

图 2-14、图 2-15 所示的分别是用二位二通阀和用溢流阀卸荷的回路。

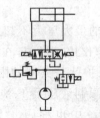

图 2-14　二位二通阀卸荷回路

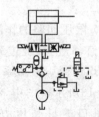

图 2-15　溢流阀卸荷回路

3. 背压回路

背压回路的作用是使执行元件的回液具有一定的压力,以减小执行元件的冲击和振动,增加运动的平稳性;或防止立式液压缸与垂直或倾斜运动的工作部件因自重而下落(或减慢其下落速度),并使它们在任意位置锁定。背压回路可由溢流阀、顺序阀、节流阀等安装在执行元件的回路上构成,如图 2-16 所示。

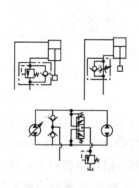

图 2-16　背压回路　　　　图 2-17　进液节流调速回路

(二)速度控制回路

控制调节执行元件运动速度的回路,称为速度控制回路。速度控制回路主要有:节流调速回路、容积调速回路、容积节流调速回路、速度换接回路等。

1. 节流调速回路

通过改变节流阀或调速阀的流通面积,从而改变输入到执行元件的流量,使执行元件速度得以调节的回路,称为节流调速回路。按节流元件接入回路中的位置不同可分为进液、回液和旁液节流调速回路,如图 2-17、图 2-18、图 2-19 所示。

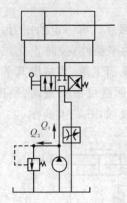 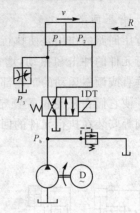

图 2-18　回液节流调速回路　　　图 2-19　旁液节流调速回路

2. 容积调速回路

通过调节变量泵或变量马达的排量,以达到控制执行元件运动速度的回路,称为容积调速回路。容积调速回路具有损失小、回路效率高、发热量低的特点。容积调速回路根据调速对象的不同可分为:变量泵-定量马达调速回路、定量泵-变量马达调速回路和变量泵-变量马达调速回路,如图 2-20、图 2-21、图 2-22 所示。

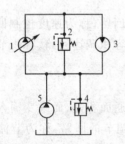 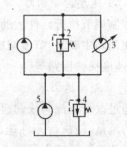

图 2-20　变量泵-定量液　　　图 2-21　定量泵-变量液
压马达容积调速回路　　　　压马达容积调速回路
1——变量泵;2,4——溢流阀;　　1——定量泵;2,4——溢流阀;
3——定量马达;5——主泵　　　3——定量马达;5——主泵

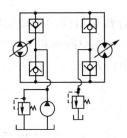

图 2-22　变量泵-变量液压马达容积调速回路

第四节　齿轮传动、滚动轴承基础知识

一、齿轮传动

(一)齿轮传动的优缺点

齿轮传动用来传递任意两轴之间的运动和动力,是现代机械中应用最广的一种机械传动。

和其他传动形式比较,齿轮传动具有下列优点:

(1)适用的圆周速度和功率范围广,传递的功率可达 10^5 kW,圆周速度可达 300 m/s;

(2)传动平稳,能保证恒定的传动比;

(3)结构紧凑;

(4)机械效率高,一般 $\eta = 0.94 \sim 0.99$;

(5)工作可靠且寿命长。

其主要缺点是:

(1)需要制造齿轮的专用设备和刀具,成本较高;

(2)制造及安装精度要求较高,精度低时,传动的噪声和振动较大;

(3)不宜用于轴间距离过大的传动。

（二）轮系

由一系列相互啮合齿轮组成的传动系统称为轮系。按轮系传动时各齿轮的几何轴线在空间的相对位置是否固定，轮系可分为定轴轮系和周转轮系两大类。

二、滚动轴承

1. 滚动轴承的类型

滚动轴承（滚针轴承除外）共有 12 种基本类型。轴承类型代号用数字或字母表示（表 2-2）。

表 2-2　　　　　　　　　滚动轴承的基本类型

类型代号	轴承类型	类型代号	轴承类型
0	双列角触球轴承	6	深沟球轴承
1	调心球轴承	7	角接触球轴承
2	调心滚子轴承和推力调心滚子轴承	8	推力圆柱滚子轴承
3	圆锥滚子轴承	N	圆柱滚子轴承，双列或多列用字母 NN 表示
4	双列深沟球轴承	U	外球面球轴承
5	推力球轴承	QJ	四点接触球轴承

2. 滚动轴承的代号

滚动轴承代号是用字母加数字来表示滚动轴承的结构、尺寸、公差等级、技术性能等特征的产品代号。轴承代号由基本代号、前置代号和后置代号构成，其排列如下：

前置代号　　　　基本代号　　　　后置代号

前置、后置代号是轴承在结构形状、尺寸、公差、技术要求等有改变时，在其基本代号左右添加的补充代号。前置代号用字母表示，后置代号用字母或字母加数字表示。前置、后置代号的表示、含义及其排列和编制规则可查阅 GB/T 272－1993《滚动轴承代号方法》，这里只介绍基本代号。

基本代号表示滚动轴承的基本类型、结构和尺寸，是轴承代号的基础。基本代号由轴承类型代号（表 2-2）、尺寸系列代号、内径代号构成，排列如下：

| 类型代号 | 尺寸系列代号 | 内径代号 |

轴承的内径代号，其含义见表 2-3。

表 2-3　　　　　　　　　滚动轴承的内径代号

内径 d 的尺寸	10～17 mm				0～480 mm (22 mm、28 mm 和 32 mm 除外)
	10 mm	12 mm	15 mm	17 mm	
内径代号	00	· 01	02	03	内径/5 的商

（1）宽（高）度系列代号

同一直径系列（轴承内径、外径相同时）的轴承可做成不同的宽（高）度，称为宽度系列，推力轴承则表示高度系列，其代号见表 2-4。宽度系列代号为 0 时，在轴承代号中通常省略（在调心滚子轴承和圆锥滚子轴承中不可省略）。直径系列代号和宽度系列代号统称为尺寸系列代号。

表 2-4　　　　　　　　　轴承的宽（高）度系列代号

向心 轴承	宽度 系列	特窄	窄	正常	宽	特宽	推力 轴承	高度 系列	特低	低	正常
	代号	8	0	1	2	3、4、 5、6		代号	7	9	1、2

（2）直径系列代号

对同一内径的轴承，由于使用场合所需要承受的负荷大小和寿命不相同，故需使用大小不同的滚动体，则轴承的外径和宽度也随之改变，以适应不同的负荷要求。这种内径相同而外径不同的轴承所构成的系列,称为直径系列,其代号见表 2-5。

表 2-5 滚动轴承的直径系列代号

直径系列	向心轴承						推力轴承				
	超轻	超特轻	特轻	轻	中	重	超轻	特轻	轻	中	重
代号	8、9	7	0、1	2	3	4	0	1	2	3	4

(3) 基本代号的编制规则

基本代号中当轴承类型代号用字母表示时,编排时应与表示轴承尺寸的系列代号、内径代号或安装配合特征尺寸的数字之间空半个汉字距。

3. 例题

试说明下列轴承代号的意义:310、23224。

解:(1) 310:轴承内圈直径为 $d = 10 \times 5 = 50$ mm,尺寸系列为(0)3(宽度系列 0 省略,直径系列 3),双列角接触球轴承。

(2) 23224:轴承内圈直径为 $d = 24 \times 5 = 120$ mm,尺寸系列为 32(宽度系列 3,直径系列 2),调心滚子轴承。

第五节 防爆电气基础知识

一、煤矿井下用电安全的有关规定

(1) 井下不得带电检修、搬迁电气设备、电缆、电线。检修或搬迁前,必须切断电源,检查瓦斯,在其环境风流中瓦斯浓度低于1.0%时,再用与电源电压相适应的验电笔检验;检验无电后,方可进行对地放电;控制设备内部安有放电装置的,不受此限。

(2) 严格执行停送电制度。停送电要有专人负责,停电后并悬挂"有人工作,不准送电"字样的警示牌;严格执行"谁停电谁送电"制度,不许约时停送电和代替停送电,且闭锁装置应可靠闭锁。高低压电气设备的断路器合闸前,必须对继电保护装置先进行试验,任何一种继电保护及机械闭锁装置失灵的设备都不准投入使用。

(3)操作井下电气设备应遵守下列规定:非专职人员或非值班电气人员不得擅自操作电气设备;操作高压电气设备时,操作人员必须戴绝缘手套,并穿电工绝缘靴或站在绝缘台上;手持式电气设备的操作手柄和工作中必须接触的部分必须有良好的绝缘。

(4)容易碰到的、裸露的带电体及机械外露的转动和传动部分必须加装防护罩或遮栏等防护设施。

(5)井下各配电电压和各种电气设备的额定电压等级,应符合下列要求:

高压不超过 10 000 V;低压不超过 1 140 V;照明、信号、电话和手持式电气设备的供电额定电压不超过 127 V;远距离控制线路的额定电压不超过 36 V;采区电气设备使用 3 300 V 供电时,必须制定专门的安全措施。

(6)电气设备不应超过额定值运行。

(7)所有电气设备严禁明头操作;电气设备的机械闭锁装置、换向器、转换开关、断路器手动跳闸手柄旋钮动作应灵活可靠;高压电气设备的隔离开关和低压电气设备的隔离换向器,在使用前必须置于分闸位置;电气设备使用前,必须由主管电气的技术人员对继电保护装置进行整定,并随负荷变化及时调整;严禁他人随意改变其整定值。

(8)要建立健全机电管理机构,认真落实各项管理制度,严格对防爆电气设备、"三大保护"、煤电钻综合保护装置、风电闭锁、瓦斯电闭锁、电缆的敷设和运行情况、安全防护设施等进行全面监督检查,对电气事故隐患及时处理。

(9)井下供电系统必须做到:① 三无:无"鸡爪子"、无"羊尾巴"、无"明接头";② 四有:有"过流和漏电保护"、有"密封圈和挡板"、有"螺丝和弹簧垫"、有"接地装置";③ 两齐:"电缆悬挂"整齐、"设备硐室"清洁整齐;④ 三全:"防护装置"全、"绝缘用具"全、"图纸资料"全;⑤ 三坚持:坚持使用"检漏继电器"、坚持使用"煤电钻和信号照明综合保护"、坚持使用"局部通风机风电瓦斯电闭锁"。

(10) 坚持煤矿井下安全用电"十不准"。不准甩掉无压释放和过电流保护;不准甩掉漏电继电器、煤电钻综合保护和局部通风机风电瓦斯闭锁;不准带电检修;不准用铜、铝、铁丝代替保险丝;不准明火操作、明火打点、明火放炮;停风停电的采掘工作面,没有检查瓦斯不准送电;有故障的电缆线路不准强行送电;保护装置失灵的电气设备不准使用;失爆电气设备和电器不准使用;不准在井下敲打、撞击、拆卸矿灯。

二、矿用防爆电气设备及失爆

(一)矿用防爆电气设备的分类及要求

1. 矿用防爆电气设备的分类

矿用防爆电气设备是按照国家标准 GB 3836.1－2010 生产的专供煤矿井下使用的防爆电气设备,该标准规定防爆电气设备分为 I 和 II 两类。

I 类:用于煤矿井下的电气设备,主要用于含有甲烷混合物的爆炸性环境。

II 类:用于工厂的防爆电气设备,主要用于含有除甲烷外的其他各种爆炸性混合物的环境。

矿用防爆电气设备,除了要符合 GB 3836.1－2010 的规定外,还必须符合专用标准和其他有关标准的规定。根据不同的防爆要求可分为 10 种类型,其防爆标志和基本要求如下:

(1) 隔爆型电气设备 d

该设备具有隔爆外壳,其外壳既能承受其内部爆炸性气体混合物引爆产生的爆炸压力，又能防止壳内爆炸产物经隔爆间隙向壳外的爆炸性混合物传爆。

（2）增安型电气设备 e

该设备在正常运行条件下不会产生电弧、电火花或可能点燃爆炸性混合物的高温，在设备结构上采取措施提高安全程度，以避免在正常和认可的过载条件下出现引爆现象。

（3）本质安全型电气设备 i

该设备全部电路均为本质安全电路。所谓本质安全电路，是指在规定的试验条件下，正常工作或规定的故障状态产生的电火花和热效应均不能点燃规定的爆炸性混合物的电路。

（4）正压型电气设备 p

该设备具有处于正压的外壳，即外壳内充有保护性气体，并保持其压强高于周围爆炸性环境的压强，以防止外部爆炸性混合物进入防爆电气设备的壳内。

（5）充油型电气设备 o

该设备全部或部分部件浸在油内，使其不能点燃油面以上或外壳以外的爆炸性混合物。

（6）充砂型电气设备 q

该设备外壳内充填砂粒材料，使之在规定的条件下壳内产生的电弧、传播的火焰、外壳壁或砂料材料表面的过高温度均不能点燃周围爆炸性混合物。

（7）浇封型电气设备 m

该设备将电气设备或其部件浇封在浇封剂中，使它在正常运行、认可的过载状态、认可的故障下均不能点燃周围的爆炸性混合物。

（8）无火花型电气设备 n

该设备在正常运行条件下，不会点燃周围的爆炸性混合物，且一般不会发生有点燃作用的故障。

（9）气密型电气设备 h

该设备是将电气设备或电气部件置于气密的外壳中。

（10）特殊型电气设备 s

该设备不同于现有的防爆型设备，须由主管部门制定暂行规定，经国家认可的检验机构证明其具有防爆性能。该防爆电气设备须报国家技术监督局备案。

2. 矿用防爆电气设备的通用要求

（1）电气设备的允许最高表面温度：

① 表面可能堆积粉尘时为+150 ℃。

② 采取防尘堆积措施时为+450 ℃。

③ 电动机的绝缘等级及极限工作温度如表 2-6 所示。

绝缘等级指电机绝缘材料能够承受的极限温度等级，分为 A、E、B、F、H 五级。温升是电动机运行时绕组温度允许高出周围环境温度的数值。

表 2-6　　　　　　　电动机的绝缘等级及允许温度

绝缘等级	A	E	B	F	H
允许温度/℃	105	120	130	155	180
允许温升/℃	65	80	90	115	140

（2）电气设备与电缆的连接应采用防爆电缆接线盒。电缆的引入、引出必须采用密封式电缆引入装置，并应具有防松动、防拔脱措施。

（3）对不同的额定电压和绝缘材料，电气间隙和爬电距离都有相应较高的要求。

（4）具有电气和机械闭锁装置，有可靠的接地及防止螺钉松动的装置。

（5）在设备外壳的明显处，均须设清晰永久性凸纹标志"Ex"，并应有铭牌。

（6）防爆电气设备必须经国家指定的防爆试验鉴定单位进行严格的试验鉴定，取得防爆合格证后，方可生产。

（二）电气设备失爆事故的原因、危害及预防

1. 常见的失爆现象

电气设备的隔爆外壳失去了耐爆性或不传爆性，称为失爆。井下隔爆型电气设备常见的失爆现象主要有：

（1）隔爆外壳严重变形或出现裂纹，焊缝开焊，连接螺栓不齐全，螺纹扣损坏或拧入深度小于规定值，隔爆壳内外有锈皮脱落，致使其机械强度达不到耐爆性的要求。

（2）隔爆接合面严重锈蚀、机械划伤、凹坑、间隙过大、连接螺钉没拧紧等，使接合面达不到隔爆的要求。

（3）电缆进、出线口没有使用合格的密封圈和封堵挡板，或者安装不合格。

（4）在设备外壳内随意增加电气元部件，使某些电气设备的爬电距离和电气间隙小于规定值，或绝缘损坏，消弧装置失效造成相间经外壳弧光接地短路，使外壳被短路电弧烧穿而失爆。

（5）外壳内两个隔爆空腔由于接线柱、接线套管烧毁而连通，内部爆炸时压力形成叠加，导致外壳失爆。

（6）开关的联锁装置不全、变形、损坏，起不到联锁作用。

（7）隔爆室观察窗的透明件松动、破裂或机械强度不符合规定。

因此必须按照 GB 3836.1－2010 标准、《煤矿机电设备检修质量标准》和《煤矿矿井机电设备完好标准》中的各项规定使用和维护好电气设备，尤其是隔爆电气设备，使煤矿井下防爆电气设备的失爆率保持为零。

2. 电气设备失爆的原因

（1）井下电气设备由于移动或搬运不当而发生磕碰，使外壳变形或产生严重的机械伤痕；在使用中也很可能发生碰击，严重

时可能增大接合面间隙。

（2）隔爆电气设备运行到一定程度或由于维护和定期检修不妥，防护层脱落，往往使隔爆面上出现沙泥灰尘等杂物。某些用螺钉紧固的平面对口接合面上也会出现凹坑，有可能使隔爆面间隙增大。

（3）隔爆面上产生锈蚀而失爆。这是由于井下湿度大，钢制零件容易氧化而产生锈蚀斑点，损伤隔爆面所致。

（4）装配时产生严重的机械伤痕，这是由于装配前隔爆面上铁屑等杂质没清除干净而划伤隔爆面。在转盖式结构的结合面上特别容易发生这种现象。

（5）拆卸防爆电动机端盖时，为了省事而用器械敲打，将端盖打坏或产生不明显的裂纹而失爆。

（6）螺钉紧固的隔爆面，由于螺孔深度过浅或螺钉太长，而不能很好地紧固，从而使隔爆面产生间隙而失爆。

（7）拆卸时零部件没有打钢印标记，待装配时没有对号而误认为是可互换的，造成间隙过小，使活动接合面产生摩擦现象，破坏隔爆面而失爆。

3. 电气设备失爆的危害

井下防爆设备具有隔爆性和耐爆性，就是说在设备的壳内产生的电火花引起混合气体爆炸时其火焰传不到壳外，而设备失爆后就起不到隔爆和耐爆的作用，即内部发生爆炸的火焰会传到壳外，并且与井下可燃、可爆性混合气体直接接触，从而引起矿井火灾及瓦斯煤尘爆炸，造成重大恶性事故。

4. 防爆电气设备的安全检查

（1）隔爆型电气设备是否外壳完整无损，无裂痕和变形。

（2）外壳的坚固件、密封件、接地件是否齐全完好。

（3）隔爆面的间隙和有效宽度是否符合规定，其粗糙度、螺纹隔爆结构的拧入深度和啮合扣数是否符合规定。

（4）电缆接线盒和电缆引入装置是否完好，零部件是否齐全，有无缺损；电缆是否牢固可靠；与电缆连接时，一个电缆引入装置是否只连接一条电缆；电缆密封圈之间是否包括其他物；不用的电缆引入装置是否用钢板堵死。

（5）接线盒内裸露导电芯线之间的电气间隙是否符合规定，导电芯线是否有毛刺；上紧接线螺母时是否压住绝缘材料；外壳内部是否随意增加了元部件；是否能防止电气间隙小于规定值。

（6）联锁装置的功能完整，保证电源接通打不开盖，开盖送不上电。内部电气元件保护装置完好无损，动作可靠。

（7）在设备输出端断电后，壳内仍有带电部件时，在其上装设防护绝缘盖板，并标明"带电"字样，防止人身触电事故。

（8）接线盒内的接地芯线是否比导电芯线长，即使导线被接脱，接地芯线仍保持连接，接线盒内是否保持清洁无杂物和导电线丝。

（9）设备安装地点有无滴水、淋水，周围围岩是否坚固；设备放置是否与地平面垂直，最大倾斜角度（15°）是否符合规定。

第六节　电工与电子技术基础知识

一、电路的概念

1. 电路

电路是电流所经过的路径。

2. 电路的组成

电路一般由电源、负载（用电器）、连接导线和辅助设备组成。

（1）电源：是把其他能量转换成电能的设备，例如发电机（把机械能转换成电能）、蓄电池（把化学能转换成电能）等。

（2）负载：是一种把电能转变成其他能量的设备，例如电炉（把电能转变成热能）、电动机（把电能转变成机械能）等。

（3）连接导线：是传输电能的，例如把电源产生的电能输送给负载。

（4）辅助设备：是用来控制电路的电气设备，例如开关、接线端子等。

3. 几种常用的电气设备的图形符号

几种常用的电气设备的图形符号如图 2-23 所示。

图 2-23 电路表示符号

4. 电路图

为了研究和绘制电路方便，在电工技术中，用国家统一规定的电气设备图形符号绘制的图称电路图。

二、电路中的基本物理量

1. 电流的概念

（1）电流的形成：导体中有大量的可以自由移动的电荷，例如，金属导体中有大量的自由电子，导电液体中有大量的正、负离子，而电流是大量的电荷定向移动形成的。

（2）电流的大小：用单位时间内通过导体某一横截面的电荷量多少来衡量电流的大小，称电流强度，简称电流，用 I 表示。

$$I = \frac{Q}{t} \tag{2-1}$$

式中 I——电流，单位为安培，简称安，国际表示符号 A；

Q——电量，单位为库仑，简称库，国际表示符号 C；

t——时间，单位为秒，国际表示符号 s。

1 秒钟内通过导体 1 库仑电量的电流强度为 1 安培，即 1 安培＝1 库仑/秒（1 A＝1 C/s）。电流单位还有千安（kA）、毫安

(mA)、微安(μA)。1 kA$=10^3$ A,1 A$=10^3$ mA,1 mA$=10^3$ μA。

(3) 电流的方向：物理学中规定，正电荷定向移动的方向为电流的方向。在金属导体中自由电子定向移动的方向跟电流的方向相反。

(4) 电流的测量工具：测电流大小的仪表叫电流表。

2. 电压的概念

(1) 电压：在电路中任意两点之间的电位之差叫电压，用 U 表示，即 $U_{AB}=V_A-V_B$。

电压的单位为伏特，简称伏，国际表示符号 V。常用的电压单位还有千伏(kV)、毫伏(mV)、微伏(μV)。1 kV$=10^3$ V,1 V$=10^3$ mV,1 mV$=10^3$ μV。

(2) 电压的测量工具：测量电压的仪表叫电压表。

3. 电阻的概念

(1) 电阻

我们把导体对电流的阻碍作用叫电阻，用 R 表示，单位是欧姆，简称欧，国际表示符号是 Ω。电阻的常用单位还有千欧(kΩ)、兆欧(MΩ)。1M$\Omega$$=10^3$ kΩ,1 k$\Omega$$=10^3$ Ω。

(2) 电阻的测量工具

测量电阻的仪表叫欧姆表。导体电阻是客观存在的，它跟导体两端电压无关。实验证明，金属导体的电阻跟导体长度成正比，跟导体的横截面积成反比，还跟导体材料性质有关，即

$$R=\rho\frac{L}{S} \qquad (2\text{-}2)$$

式中　L——导体长度,m;

　　　S——导体横截面积,m^2;

　　　ρ——导体电阻率,$\Omega\cdot$m;

　　　R——导体电阻,Ω。

纯金属的电阻率最小，合金的电阻率大，橡胶的电阻率最大。

各种用电器都是用铜、铝等电阻率小的金属制成,而电工用具的把、套及绝缘鞋等都是用电阻率很大的橡胶制成,以保证电工操作时的人身安全。电阻率不但与导体的材料有关,而且与温度有关。温度升高时,金属导体的电阻率随之变大。利用电阻率与温度的这种关系,可以通过测量电阻的变化而确定温度的变化,这种温度计称为电阻温度计。电阻温度计一般选用电阻率受温度影响较大的材料(如铂)制成,而一些合金材料如锰铜、康铜(含40%镍、1.5%锰的铜合金)等,它的电阻很大,受温度影响很小,常用来制造阻值稳定的标准电阻和电阻箱。

三、电源

1. 电源

电源是把其他形式的能转换成电能的一种装置。例如:发电机是把机械能转换成电能的电源;干电池、蓄电池是把化学能转换成电能的电源。

2. 电源的种类

电源有直流电源和交流电源两类。

(1)直流电源:能向外提供直流电的电源叫直流电源。如直流发电机、干电池、蓄电池等都是直流电源。

(2)交流电源:能向外提供交流电的电源叫交流电源。如交流发电机就是交流电源。

(3)直流电:大小和方向不随时间而改变的电流、电压叫直流电;大小和方向都不随时间改变的电流、电压叫稳恒电。

(4)交流电:大小和方向都随时间而改变的电流和电压叫交流电。

四、欧姆定律

1827年欧姆通过实验发现,电路中电流的大小不但随电路两端的电压变化,而且还随电路的电阻变化。如图2-24所示为一部分(一段电阻)电路,图中 U 为电路两端的电压,R 为电路的电阻,I 为电路中的电流,则电流、电压和电阻三者之间的关系是:通过电路中的电流与加在电路两端的电压成正比,而与电路中的电阻成反比,这就是部分电路的欧姆定律,其数学表示式为:

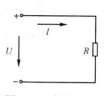

图 2-24　部分电路

$$I = \frac{U}{R} \tag{2-3}$$

式中　U——电压,V;

　　　I——电流,A;

　　　R——电阻,Ω。

例:一只电器接在 220 V 电压的电路两端,电流为 0.44 A,接在 110 V 电压的电路两端,电流为 0.22 A,求在这两个电压下,这只电器的电阻有什么不同?

已知:$U_1 = 220$ V,$I_1 = 0.44$ A,$U_2 = 110$ V,$I_2 = 0.22$ A

求:R_1,R_2

解:由

$$I = \frac{U}{R}$$

得

$$R_1 = \frac{U_1}{I_1} = \frac{220 \text{ V}}{0.44 \text{ A}} = 500 \ \Omega$$

$$R_2 = \frac{U_2}{I_2} = \frac{110 \text{ V}}{0.22 \text{ A}} = 500 \ \Omega$$

即

$$R_1 = R_2 = 500 \ \Omega$$

由上例可说明,导体的电阻跟电压和电流无关,是导体本身的客观存在。

五、电功、电功率

1. 电功

电流通过电炉、电灯、电动机等负载时所做的功叫电功。

如图 2-25 所示,负载两端的电位分别为 U_A 和 U_B,且 $U_A >$

U_B。电流通过负载，可以看作是电荷 q 在电场力的作用下，从电位较高的 A 端移向电位较低的 B 端。可见，电场力所做的功：

$$W = q(U_A - U_B) = qU \qquad (2-4)$$

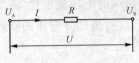

图 2-25 电流做功

这个功叫电流的功，简称电功，也用 W 表示。又因 $q = It$，把它代入上式，可得：

$$W = UIt \qquad (2-5)$$

式（2-5）中 W、U、I、t 的单位分别为焦（J）、伏（V）、安（A）、秒（s）。

式（2-5）表明，电流在一段电路上所做的功，与这段电路两端的电压、电路中的电流强度和通电时间成正比。

如果负载是纯电阻，根据 $U = IR$，则 $W = UIt$

可以写作： $$W = I^2Rt \text{ 或 } W = \frac{U^2 t}{R} \qquad (2-6)$$

电流做功的过程，实际上是电能转化为其他形式的能的过程。例如，电流通过电热丝做功，把电能转化为内能，电流通过电动机做功，把电能转化为机械能。电流做了多少功，就有同样数量的电能转化为其他形式的能。

2. 电功率

电流所做的功与完成这些功所用的时间的比值，叫做电功率，用 P 表示，则

$$P = \frac{W}{t} = UI \qquad (2-7)$$

式（2-7）中 P、U、I 的单位分别为瓦、伏、安。

式（2-7）表明，一段电路上的电功率，与这段电路两端的电压

和电路的电流强度成正比。如果负载是纯电阻，根据欧姆定律公式 $U=IR$，式(2-7)可改写为：

$$P=I^2R \qquad\qquad (2-8)$$

五、半导体及晶闸管

（一）半导体

1. 定义

半导体，是指电阻率介于金属和绝缘体之间并有负的电阻温度系数的物质。半导体室温时电阻率约在 1 mΩ·cm～1 GΩ·cm之间，温度升高时电阻率指数减小。如硅、锗、硒等，半导体之所以得到广泛应用，是因为它的导电能力受掺杂、温度和光照的影响十分显著。半导体具有掺杂性、热敏性、光敏性、负电阻率温度特性、整流特性等五大特性。

2. 分类

（1）按照化学成分可分为元素半导体和化合物半导体两大类。

（2）按照其制造技术可以分为集成电路器件、分立器件、光电半导体、逻辑 IC、模拟 IC、储存器等。

（3）按照其所处理的信号，可以分成模拟、数字、模拟数字混成及功能进行分类的方法。

（二）晶闸管

1. 定义

晶闸管是一种开关元件，能在高电压、大电流条件下工作，并且其工作过程可以控制，它被广泛应用于可控整流、交流调压、无触点电子开关、逆变及变频等电子电路中，是典型的小电流控制大电流的设备。

2. 分类

（1）按其关断、导通及控制方式可分为普通晶闸管（SCR）、双向晶闸管（TRIAC）、逆导晶闸管（RCT）、门极关断晶闸管

（GTO）、BTG 晶闸管、温控晶闸管（TT 国外，TTS 国内）和光控晶闸管（LTT）等多种。

（2）按其引脚和极性可分为二极晶闸管、三极晶闸管和四极晶闸管。

（3）按其封装形式可分为金属封装晶闸管、塑封晶闸管和陶瓷封装晶闸管三种类型。

（4）按电流容量可分为大功率晶闸管、中功率晶闸管和小功率晶闸管三种。

（5）按其关断速度可分为普通晶闸管和快速晶闸管。

3. 工作原理

晶闸管在工作过程中，它的阳极（A）和阴极（K）与电源和负载连接，组成晶闸管的主电路，晶闸管的门极 G 和阴极 K 与控制晶闸管的装置连接，组成晶闸管的控制电路。

六、变频技术

（一）变频器工作原理

变频器由 400 V/50 Hz 电源供电，经三相半控整流桥整流成直流电压，再由微机控制的 IGBT 逆变桥输出频率可变和电压可变的交流电压，作为牵引电机的驱动电源。其工作原理是采用先进的直接转矩控制技术，简称 DTC 控制。

DTC 控制是交流传动的一种特殊的电机控制方式，与 PWM 磁通矢量控制方式有本质的区别。DTC 控制方式下的逆变器的通断直接控制电机关键的变量：磁通和转矩。

测量的电机电流和电压作为自适应电机模型的输入，这个模型每隔 25 μs 产生一组精确的转矩和磁通的实际值，电机转矩实际值与转矩给定调节器的给定值作比较。依靠来自这两个比较器的输出，优化脉冲选择器，决定逆变器的最佳开关位置。

变频器采用主从控制方式，变频器之间通过光缆进行通讯，使两台牵引电机达到功率平衡、转速同步。

（二）变频装置的特性

采煤机的变频装置采用直接转矩控制技术（DTC）控制电机，并提供了精确的控制笼电机的速度转矩，具有完善的电压选择和功率选择功能。

变频装置不仅具有完美的运行特性，还有以下完善的保障特性。

（1）变频装置接地故障的保护特性。变频装置接地故障保护，是变频装置在运行过程中监视电缆的连接状态。对电机电缆的漏电和对接地故障的判断，是基于在变频装置的输入端的零序电流互感器对接地保护漏电流的测量。变频装置一旦判断有接地故障，传动将立即停止，给出故障信号。

（2）电动机缺相功能保护特性。变频装置的缺相功能保护特性，是监视电机电缆的连接状态、检测电机的某一相是否断开，在正常运行状态下监视电机的连接状态。一旦有故障出现，变频装置将停止运行，给出故障显示。

（3）变频装置对牵引电机堵转保护特性。变频装置对牵引电机堵转时保护电机。当电机堵转时，在超过电机堵转允许的时间内，变频装置立即停止输出。采煤机停止牵引，把堵转故障记录下来。

（4）变频装置对牵引电机过流的保护特性。变频装置对牵引电机过流时发出信号，使牵电装置跳闸，同时把这一故障记录下来，以备检修查询使用。

（5）变频装置过压保护特性。变频装置根据自身的直流母线来判断供电电压是否过压。当过压时，变频器停止输出，给出故障显示。

（6）变频装置欠压保护特性。

（7）变频电源供电电源缺相保护特性。

（8）变频装置输出短路保护特性。

第三章　采煤质量标准化及
文明生产基础知识

采煤机司机是采煤机的主要操作和维护保养者,司机的安全操作水平是关键,它直接影响工作面的安全生产、工作面产量,是能否实现高产高效的重要因素。因此,作为一名合格的采煤机司机,应懂得所用设备的结构、原理、性能,懂得采煤工艺,并会正确操作、检查、维护保养所用设备,出现故障时,能找出故障原因并及时排除。

一、采煤机司机岗位责任制

(1)未经专门培训或经过培训但未取得合格证(特种作业人员安全操作证)的人员不得开机。

(2)应严格执行岗位责任制、操作规程、现场交接班制度、设备维修保养制度及《煤矿安全规程》中的有关规定。

(3)开机前要预先喊话,并发出相应的预警信号,注意观察机器周围的情况,确无不安全的因素时方可开机。

(4)无喷雾冷却或水的压力、流量达不到要求时不准开机。

(5)除紧急情况外,一般不允许在停止牵引前用停止按钮、隔离开关、断路器或急停开关来直接停止电动机。

(6)截割滚筒上的截齿应无短缺和损坏。

(7)点动电动机,在其即将停止转动时操作截割部离合器。

(8)禁止带负荷启动和频繁点动开机。

(9)采煤机在割煤过程中,要注意割直、割平并严格控制采高,防止工作面出现过度弯曲或顶、底板出现台阶式状况,注意防止割到支架顶架梁或输送机铲煤板。

(10)工作面遇到坚硬夹矸或黄铁矿结核时,应采取松动爆破措施处理,严禁用采煤机强行切割。

(11)采煤机停止时应先停牵引机构再停电动机。

(12)需要较长时间停机时,应在按顺序停电动机后,再断开隔离开关,脱开离合器,切断磁力启动器隔离开关。

(13)采煤机运行时,应随时注意电缆、水管拖移情况,以防损坏。

(14)更换滚筒截齿时,应断开截割部离合器与隔离开关,让滚筒在适宜的高度上用手转动滚筒,检查及更换截齿。

(15)主机发出异常声响或过热时,必须立即停机检查,待处理好后方可开机工作。

(16)司机在翻转挡煤板时,要正确操作,以防损坏挡煤板。

(17)工作面瓦斯、煤尘超限时,必须立即停止割煤,必要时按规定断电,撤出人员。

(18)工作面倾角较大时,要采用有效的防滑措施。

(19)认真填写运转日志及班检记录。

二、采煤机司机应掌握的质量标准化标准

(一)基础设施

(1)采煤机上必须装有能停止工作面刮板机的闭锁装置。

(2)采煤机上必须有内外喷雾,并能正常使用。

(3)采煤机上的控制按钮要设置在靠踩空区的一侧。

(4)采煤机必须设置机载式甲烷断电仪或甲烷检测报警仪。

(5)各按钮和离合器手柄动作灵敏,可靠。

(6)采煤机齿轨的安装要紧固、完整,并经常检查。

(7)采煤机上的仪表,油位指示器要处正常工作状态。

(8)连接螺栓齐全、紧固。

（9）电缆、油管、水管配备齐全，长度合理。

（10）电缆夹配备齐全。

（11）滚筒端盘无开裂，齿座无短缺。

（12）截割滚筒上截齿不应有丢失和损坏现象。

（13）采煤机上的螺丝必须定期紧固，无松动现象。

（二）操作细则

（1）采煤机因故障暂停时，必须打开隔离开关和离合器。

（2）采煤机停止或检修时，必须切断电源，并打开其磁力启动器的隔离开关。

（3）启动采煤机前，必须先巡视采煤机四周，确认对人员无危险后再接通电源。

（4）工作面遇有坚硬结矸或黄铁矿结核时，必须采取松动爆破措施处理，严禁用采煤机强行截割，当工作面倾角为 15°以上时，必须有可靠的防滑装置。

（5）采煤机运行时，必须进行喷雾降尘，内喷雾压力不小于 2 MPa，外喷雾压力不小于 1.5 MPa，如果内喷雾装置不能正常使用，外喷雾压力不小于 4 MPa，无水或喷雾装置损坏时必须停机。

（6）更换截齿或滚筒时，上下 3 m 内有人工作时，要护帮、护顶、切断电源，打开采煤机隔离开关和离合器，并对工作面输送机实行闭锁。

（7）采煤机不准带负荷启动和频繁启动。

（8）采煤机开机前，必须先启动工作面运输机。

（9）采煤机工作的橡套电缆，必须每班进行检查，发现损伤及时处理。

（10）采煤机停放地点要避开行人和物料运输通道。

（11）采煤机司机必须经过培训，考试合格后方可持证上岗。

（12）非采煤机司机严禁操作采煤机。

三、采煤机司机操作规程

（1）采煤机开机前应检查各部零件是否齐全，螺栓是否紧固，截齿是否齐全、锋利、牢固，滑靴是否平稳，滑靴与滑道接触是否正常。

（2）检查各操纵阀、控制阀按钮、旋转手把等是否灵活可靠。

（3）检查各部油位是否达到规定要求，有无渗漏现象，电缆及拖移装置和水管有无挤卡、扭断和破损现象，喷雾水的压力必须达到 0.2 MPa 以上，流量必须满足采煤机作业的要求。

（4）检查机器或更换截齿时，必须将隔离开关手把、离合器手把、换向手把打到零位，并闭锁工作面输送机，方可进行检查、检修工作。

（5）检查信号装置是否灵敏可靠。

（6）检查灭尘设施的效果是否可行。

（7）打开手摇油泵盖子，穿上手摇泵螺栓，连续摇手摇泵，查看补油压力表的压力指示，确认正常后取下螺栓盖好盖子，方可进行下一步。

（8）对刮板输送机和工作面有关情况要全面了解，在安全无误情况下，方可试机。

（9）在采煤机无故障、无障碍物，且人员都在安全位置上时，才允许对采煤机试运转，采煤机启动时应先送水后送电，停机时，先停电后停水。

（10）采煤机的启动操作程序：

① 打开采煤机的停止闭锁按钮；

② 打开洒水阀门喷雾；

③ 合上隔离开关手把；

④ 发出开动采煤机的信号，检查并确定机器转动范围内无人员及障碍物；

⑤ 采煤机电动机空转，检查采煤机液筒旋转方向，监听各部

声音和压力表指示。正常后,停止电动机。当电动机停转前的瞬间合上截割部齿轮离合器;

⑥ 发出开动运输机信号;

⑦ 刮板输送机启动,空转 2 min,正常后,发出启动采煤机的信号,按启动按钮启动采煤机;

⑧ 用调高手把将滚筒调到适当高度;

⑨ 转动调速手把使采煤机牵引割煤。

(11) 采煤机经试转确认一切正常后发出输送机开机信号,待输送机开动运行后方可开始牵引割煤。

(12) 采煤机开始牵引割煤时,牵引速度从零逐渐增高,不得立即打到最高牵引速度,在运转中,随时注意采煤机负荷情况,以及输送机过负荷情况,相应调整牵引速度,防止采煤机和刮板输送机过负荷运行,并尽量使出煤量均匀。

(13) 严格按作业规程的规定掌握好采高,但采高的上限要小于支架最大支撑高度,下限要大于支架最小支撑高度,顶、底板要割平,避免出现台阶,要随时注意支架情况,防止割支架。

(14) 采煤机正常工作中司机要随时注意采煤机下方的输送机,如有大块煤矸或长木料等杂物要立即停止输送机,防止杂物进入采煤机底托架内。

(15) 采煤机工作过程中,要随时观察采煤机各部运转情况,各部温度、声音、仪表指示是否正常,截齿是否缺少,电缆拖移装置拖动是否顺利,冷却水量、水压是否正常,严禁无水开机等。

(16) 采煤机运行中,要注意采煤机本身或输送机及周围环境条件有无异常现象,如有立即停止采煤机和输送机进行检查和处理,否则不准继续工作,如发现重大隐患或故障要尽快向跟班领导汇报。

(17) 采煤机正常运行中,严禁扳动离合器手把、隔离开关手把,避免齿轮和机件受到损坏,齿轮离合器的离合操作必须在停机时进行。

（18）采煤机在超载时或牵引部超载时，应分析原因，必要时使滚筒脱离咬合，开机退出缺口进行检查，不得在重载下割煤，采煤机不得带病运转。

（19）举起的摇臂不宜长时工作，应半小时放下 2～3 min 然后再继续工作。

（20）非紧急情况下不得使用紧急停机开关停机。

（21）采煤机的停止：

① 停机时要先把速度降到零，然后少许反向牵引，将滚筒内碎煤排尽；

② 按下采煤机停止按钮，使采煤机停止运转后，关闭水阀停止喷水，然后把所有操作手把复"零"位；

③ 下班或检修时，采煤机应停在安全可靠处，并将滚筒落至底板，必须将输送机闭锁；

④ 采煤机停止割煤，下班时，司机要求按启动前的检查内容对采煤机进行检查，并清理采煤机上浮矸，保持采煤机整洁；

（22）遇到如下情况，使用采煤机停止按钮停机：

① 负荷过大；

② 发出异响；

③ 电缆水管卡住或出槽；

（23）遇到如下情况应使用紧急停按钮停机：

① 回采工作面刮板输送机溜槽内有大块煤、矸或木料将要顶住采煤机；

② 机器拖移的电缆、水管出槽，被输送机挂住；

③ 采煤机停止按钮失灵；

④ 其他意外事故。

（24）其他：

① 禁止用采煤机作牵引或空顶其他设备使用；

② 维护电气设备部件时,要执行井下电气安全作业规程;

③ 排除采煤机故障须打开盖板时,上方要搭棚,防止碎矸、碎煤或其他杂物进入油池,需要加油时,油桶要专桶专用;

④ 在采煤机运行中外部停电造成停机后,应按下停机按钮,分开离合手把;

⑤ 采煤机司机必须经培训合格,以及现场操作考核合格后,方可上岗操作,并持证上岗。

第二部分 采煤机司机初级工专业知识和技能要求

第四章　初级工专业知识

第一节　机械化采煤工艺

我国目前普遍采用的采煤工艺有：爆破采煤工艺、普通机械化采煤工艺、综合机械化采煤工艺、综采放顶煤采煤工艺，后3种都属于机械化采煤工艺。

一、高档普通机械化采煤工艺

普通机械化采煤工艺，简称普采，是指用机械方法破煤和装煤、输送机运煤和单体支柱支护的采煤工艺。其中，使用单体液压支柱进行支护的采煤工艺称为高档普采。高档普采工作面技术装备主要有滚筒式采煤机、可弯曲刮板输送机和与其配套的推移千斤顶、单体液压支柱与铰接顶梁及乳化液泵站等。高档普采工作面的生产工艺过程主要由割煤、运煤、挂梁、推移刮板输送机、打柱以及回柱放顶等工序组成。

（一）割煤

高档普采工作面的生产是以采煤机为中心，采煤机割煤，其他工序合理配合。采用滚筒采煤机割煤时，采煤机一般是骑在输送机上，以输送机两侧做导轨上下往复运行，割下的煤，靠螺旋滚筒及弧形挡煤板装入输送机中，使落煤、装煤、运煤三道工序实现连续作业。

（二）支护

1. 支护设备

机采工作面常使用单体液压支柱与金属铰接顶梁支护顶板。

单体液压支柱分内注式和外注式两种。通过测试,单体液压支柱比金属摩擦支柱的初撑力大 4～6 倍,顶板下沉量是金属摩擦支柱的 1/2～1/4。因此,使用非常广泛。

2. 支架布置方式

采煤机割煤过后,跟随采煤机将工作面支架上的铰接顶梁向工作面煤壁方向延接,以对割煤后新暴露的顶板进行临时支护。除少数顶板完整的普采工作面可使用带帽点柱外,一般均采用由单体液压支柱与铰接顶梁组成的悬臂支架。这样可实现追机挂梁,及时支护新暴露的顶板。按悬臂顶梁与支柱的关系,可分为正悬臂与倒悬臂两种。正悬臂支架悬臂的长段在立柱的煤壁侧,有利于支护机道上方顶板;短段在立柱的采空区侧,故顶梁不易被折损。倒悬臂支架则相反,其长段伸向采空区,立柱不易被碎矸石埋住,但易损坏顶梁。

普采工作面支架布置,按梁的排列特点分为齐梁式和错梁式两种。齐梁式适用于顶板比较稳定的条件;错梁式适用于顶板比较破碎的条件。为了行人和工人作业方便,工作面支柱一般排成直线状。因此,目前普采工作面支架布置方式主要有齐梁直线柱和错梁直线柱两种。普采工作面采空区处理时选择和使用的特种支架有丛柱、密集支柱、木垛、斜撑支架及切顶墩柱等形式。

3. 普采工作面端头支护应满足的要求

(1) 要有足够的支护强度,保证工作面端部出口的安全。

(2) 支架跨度要大,不影响输送机机头、机尾的正常运转,并要为维护和操纵设备的人员留出足够的活动空间。

(3) 要能够保证机头、机尾的快速移置,缩短端头作业时间,提高开机率。

4. 端头支护

端头支护主要有单体支柱加铰接顶梁支护(为了在跨度大处固定顶梁铰接点,可采用双钩双楔梁,或将普通铰接顶梁反用,使楔钩朝上);用 4～5 对长梁加单体支柱组成的迈步走向抬棚支护;用基本支架加走向迈步抬棚支护。除机头、机尾处外,在工作面端部原平巷内可用顺向托梁加单体支柱或十字铰接顶梁加单体支柱支护。

（三）推移工作面刮板输送机

采煤机割煤后,在距采煤机约 10～15 m 处,操作与刮板输送机配套的专用推移千斤顶向煤壁方向推移刮板输送机,推移步距与采煤机截深相一致,并使输送机平、直且符合要求。

（四）采空区处理

目前,走向长壁普采工作面采空区的处理,主要采用全部垮落法。就是当工作面支架的控顶距离达到作业规程规定的最大控顶距时,将靠近采空区的一排或两排支架撤掉,让顶板垮落,这就是所谓的回柱放顶。在多数情况下,采空区的垮落矸石能起到支撑上方基本顶、缓和基本顶来压的作用。采用全部充填法处理采空区的工作面,采空区处理由回柱充填工序完成。

二、综合机械化采煤工艺

综合机械化采煤工艺,简称综采,是指用机械方法破煤和装煤,输送机运煤和液压支架支护的采煤工艺。综采工艺的特点是落煤、装煤、运输、支护、采空区处理等工序全部实现机械化。综采和普采最大的区别是综采使用了自移式支架支护顶板,解决了支护与回柱放顶人工操作的难题,实现了支护与采空区处理的机械化。综采的优点是劳动强度低、产量高、效率高、安全条件好。

（一）综采工作面设备与区段巷道布置

综采工作面设备主要包括滚筒采煤机、液压支架、可弯曲刮板输送机、桥式转载机、可伸缩带式输送机、乳化液泵站、供电设备、集中控制设备、单轨吊车以及其他辅助设备等。综采工作面设备的配套问题很关键,尤其应使采煤机、刮板输送机和液压支架这三大设备(简称"三机")均符合工作面的条件,并在生产能力、设备强度、空间尺寸等方面配套。综采工作面设备配置如图 4-1 所示。

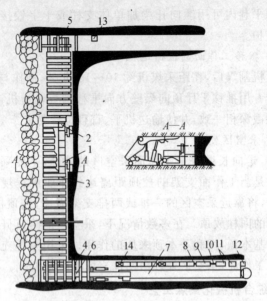

图 4-1　综采面设备布置示意图

1——采煤机；2——刮板输送机；3——液压支架；

4——下端头支架；5——上端头支架；6——转载机；7——可伸缩胶带输送机；

8——配电箱；9——移动变电站；10——设备列车；11——泵站；12——喷雾泵站；

13——绞车；14——集中控制台

（二）采煤工艺

1. 落煤与装煤

综采落煤与装煤工作与机采相似，但在采煤机工作方式上有所区别。综采一般主要采用双向割煤、往返一次进两刀的割煤方式和斜切式进刀方式。

2. 运煤

采煤机采落的煤由工作面重型可弯曲刮板输送机运到工作

面的下端,转载到工作面下端所铺设的桥式转载机上,经运输平巷中所铺设的可伸缩带式输送机,运到采区运输上山(下山)中的带式输送机上,然后运往采区煤仓。随着工作面的向前推进,转载机和可伸缩带式输送机也不断交替推移前进。

3. 输送机和支架的移动

支架型式不同,则移架和推移输送机的方式也不同。整体式支架,移架和推移输送机共享一个液压千斤顶,连接支架底座和输送机槽,互为支点,进行推移输送机和前拉支架。迈步式自移支架的移动,依靠本身两框架互为支点,用一千斤顶推拉两框架分别前移,用另一个千斤顶推移输送机。

4. 支护

综采工作面主要采用自移式液压支架来支撑顶板,维护工作空间。根据液压支架与围岩的相互作用方式,液压支架可分为支撑式、掩护式和支撑掩护式三种基本类型。

(1)液压支架的支护方式

根据液压支架的型式、结构、移动方式和支护条件不同,可分为超前支护、及时支护和滞后支护三种。

超前支护,是指煤壁片帮严重,不等采煤机割煤,支架就提前向前推移,使煤壁片帮后暴露的顶板得到提前支护。

及时支护,是指采煤机割煤后先移支架,再移输送机,推移步距等于采煤机截深,其采煤工艺过程为采煤、移架、推移输送机。

滞后支护,是指采煤机割煤后,输送机首先逐段移向煤壁,随后前移液压支架,两者移动步距相同,其采煤工艺过程为采煤、推移输送机、移架。

(2)液压支架的移步(架)方式

液压支架在工作面的移步方式通常归纳为顺序移步和交错移步两种。顺序移步包括单架依次顺序式、成组整体依次顺序式移步方式;交错移步即指分组间隔交错式移步方式。

　　单架依次顺序式移步方式是支架沿采煤机的割煤方向依次前移,移动步距等于采煤机的截深。其优点是操作简单,容易保证支护质量;缺点是移架速度慢,工时长。它适用于不稳定顶板,应用范围广。

　　成组整体依次顺序式的支架移步方式是每组2～3架,组内联动,组间按顺序前移。其优点是移架速度快;缺点是支护质量较差。它适用于地质条件好、顶板稳定的煤层,我国应用较少。

　　分组间隔交错式的支架移步方式是每组2～3架,组内按顺序前移,组间平行作业。其优点是移架速度快,能满足采煤机快速采煤的要求;缺点是支护质量差。它适用于较稳定的顶板。

　　(3)液压支架的支护速度与移架步距

　　通常把沿工作面长度方向上推移支架的速度称为液压支架的支护速度。就及时有效地控制顶板而言,支护速度越快对安全越有利。液压支架的移架步距应该和采煤机截深及输送机的推移步距一致。当煤壁留有探头煤或因采煤机飘刀而留有底煤时,往往会使输送机和支架移不够规定的步距,会使煤壁前的空顶距离加大,这时就可能造成顶板破碎、掉矸,甚至发生局部冒顶事故。因此,在生产中要采取适当措施,以防止上述现象的发生。

　　(4)综采工作面端头支护

　　工作面的上下出口处悬顶面积大,机械设备多,又是材料和人员出入的交通口,所以必须加强维护。由于各个综采工作面端头的实际情况差别很大,所以必须针对具体条件采取不同的支护方式。综采工作面端头支护方式主要有以下三种:

　　一是端头支架支护。这类支架的特点是加长顶梁,加长底座可将转载机机尾置于支架底座上。一般多用于综采工作面上端头紧挨机巷上帮,与排头支架侧护板紧贴。该支护方式移动速度快,但对平巷条件适应性差。

　　二是普通液压支架支护。此类支护多用于工作面的上、下端头。适用于煤层倾角较小的综采工作面,通常在机头(尾)处要滞后于工作面中间支架1个截深。

三是采用内注液式单体液压支柱支护。其支护形式主要有组合大抬棚支护、内注液式单体液压支柱配合十字铰接顶梁支护等。该支护方式适应性强,有利于排头液压支架的稳定,但支设麻烦,费工费时。

5. 采空区处理

综采工作面一般主要采用垮落法处理采空区。因液压支架具有切顶性能强(支撑式)、掩护作用好(掩护式)、种类多等特点,所以一般不采用局部充填和煤柱支护法。对极坚硬顶板可采取高压注水软化顶板、爆破强制放顶等方法进行处理。

三、综合机械化放顶煤采煤工艺

综合机械化放顶煤采煤工艺,简称综放。是对厚煤层用综采设备进行整层开采的采煤工艺,放顶煤采煤法可对特厚煤层(煤层厚度一般为6~12 m)进行整层开采。放顶煤采煤是在煤层底部或煤层某一厚度范围内的底部布置一个采高为2~3 m的长壁工作面,用常规采煤方法进行采煤,并利用矿山压力作用或辅以松动爆破等方法,将上部顶煤在工作面推进后破碎冒落,并将冒落顶煤利用放顶煤支架予以回收,由工作面后部刮板输送机运出。

(一)放顶煤采煤方法的分类

按照煤层赋存条件及相应的采煤工艺,放顶煤采煤方法分为三种。

1. 一次采全厚放顶煤

沿煤层底板布置综采放顶煤长壁工作面,一次采放出全部厚度煤层,如图4-2(a)所示。

2. 预采顶分层网下放顶煤

将煤层划分为两个分层,沿煤层顶板下先布置一个2~3 m

的顶分层综采放顶煤长壁工作面。顶分层工作面采煤铺网后,再沿煤层底板布置一个与顶分层同样的综采放顶煤工作面,进行常规采煤并将两个工作面之间的顶煤放出,如图 4-2(b)所示。一般适用于厚度大于 12～14 m,直接顶坚硬或煤层瓦斯含量高需预先抽放瓦斯的缓斜煤层。

3. 倾斜分层放顶煤

煤层厚度在 12～14 m 以上,将煤层沿倾斜分两个以上厚度在 6～8 m 以上的倾斜分层,依次放顶煤开采,如图 4-2(c)所示。

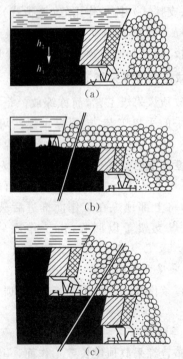

图 4-2　放顶煤开采工艺类型

(二) 适用条件

(1) 综采放顶煤开采,一般应符合下列条件:

① 煤层倾角小于 15°,或近水平。

② 煤质较松软,层节理发育顶煤易于破碎冒落。中间没有不易破碎的夹石层及硬煤层($f<3.0$)。

③ 直接顶较厚,且能随采随冒,自然发火期在 3 个月以上,无瓦斯突出等。

(2)《煤矿安全规程》规定:(放顶煤)工作面严禁采用木支柱、金属摩擦支柱支护方式。有下列情形之一的,严禁采用单体液压支柱放顶煤开采:

① 倾角大于 30°的煤层(急倾斜特厚煤层水平分层放顶煤除外)。

② 冲击地压煤层。

(3) 有下列情形之一的,严禁采用放顶煤开采:

① 煤层平均厚度小于 4 m 的。

② 采放比大于 1:3 的。

③ 采区或工作面回采率达不到矿井设计规范规定的。

④ 煤层有煤(岩)和瓦斯(二氧化碳)突出危险的。

⑤ 坚硬顶板、坚硬顶煤不易冒落,且采取措施后冒放性仍然较差,顶板垮落充填采空区的高度不大于采放煤高度的。

⑥ 矿井水文地质条件复杂,采放后有可能与地表水、老窑积水和强含水层导通的。

(三) 采煤工艺

1. 工作面采煤

一般采用工作面端部斜切进刀的进刀方式,采用双向割煤往返一次进两刀的割煤方式,采煤机骑在可弯曲刮板输送机上沿工作面全长往复穿梭割煤,距采煤机 12~15 m 处推移输送机,完成一个综采循环。

2. 放煤方式

放煤方式分为顺序单轮放煤、顺序多轮放煤和间隔折返放顶煤。顺序单轮放煤的顺序是依次将上方顶煤一次全部放净,见矸时关闭放煤口。顺序多轮放煤的顺序是依次放各架顶煤,但不一次放净,而是每次只放顶煤全厚的 1/4、1/3 或 1/2,可在工作面全部放完一轮煤后再放下一轮,也可下一轮滞后第一轮一定距离同步进行。间隔折返放顶煤是指从工作面的一端开始,先从第一架开始(一般过渡支架及端头支架先不放煤),每间隔一架依次放煤,放完奇数架后,再依次放偶数架的顶煤,也可根据放煤情况及工作面的长度,实行单轮或多轮的间隔折返放顶煤方式,亦可分段折返或多段同时折返放煤。

3. 放煤步距

放煤步距分为初次放煤步距和循环放煤步距。初次放煤步距指从工作面开切眼开始至第一次放煤的工作面推进距离;循环放煤步距指从上一次放煤结束后到下一次放煤开始工作面推进的距离。确定循环放煤步距的原则是使放出范围内的顶煤能够充分破碎和松散,提高放出率,降低含矸率。

(四)综采放顶煤的工艺特点

(1)适用于厚度 5 m 以上、煤质较软、顶板易垮落的煤层。

(2)简化巷道布置,减少巷道掘进工作量。

(3)提高采煤工效、降低吨煤生产费用等。

(4)采出率较低、煤炭自然发火控制比较困难。

第二节　采煤机主要机构的结构原理

采煤机类型很多,目前基本上以双滚筒无链电牵引采煤机为主,其基本组成也大体相同,一般都主要由电气部、截割部、牵引部和辅助装置四大部分组成。本书主要以 MG300/700-AWD 型电牵引采煤机为例说明。

图 4-3 所示为 MG300/700-AWD 型电牵引采煤机的组成。

整机由下列几部分组成:① 截割部,由左右滚筒、左右摇臂、内外喷雾冷却装备等组成,起截煤和装煤的作用。② 牵引部,由左右牵引减速箱、左右行走箱、滑靴等组成,是机器行走的执行机构。③ 中间框架,由框架、调高泵箱、交流变频调速装置、电控箱、水阀、拖缆架等组成,这是机器控制和保护装置的首脑部分。④ 操作系统,本系列采煤机有三种操作:中间手动操作,操作点在调高泵箱和电控箱上;两端头电按钮操作,电按钮集中在电气操作盒上,固定在机器两端;无线电离机操作,司机随身携带无线电遥控器,可以在机身周围任何位置操作机器。这三种操作的功能是控制摇臂的升降、机器的牵引方向和速度以及停机等。

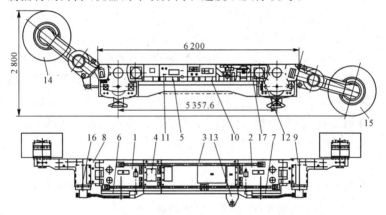

图 4-3　MG300/700-AWD 型无链电牵引采煤机的组成

1——左牵引部;2——右牵引部;3——电控箱;4——调高泵箱;5——调高油箱;
6——左行走箱;7——右行走箱;8——左摇臂;9——右摇臂;10——机身连接;
11——冷却喷雾系统;12——控制和连接件;13——托缆装置;14——左滚筒;
15——右滚筒;16——截割电机;17——牵引电机

无链电牵引采煤机主要由左牵引部、右牵引部、摇臂、调高泵箱、连接框架(小机型采用电控箱集成机构)、开关箱、变频器箱、变压器箱、行走箱(两件)、机身联接件、冷却喷雾系统、电气外部连接件、拖缆装置、左右滚筒、各部件电动机等组成。采煤机由老塘侧的两个导向滑靴和煤壁侧的两个平滑靴分别支承在工作面刮板运输机销轨和铲煤板上。当行走机构的驱动轮转动带动齿轨轮与销轨啮合,采煤机便沿输送机正向或反向牵引移动;截割机构电机通过减速驱动滚筒旋转进行落煤和装煤。采煤机机身整体采用液压拉杠联结,无底托架;机身两端铰接左右摇臂,并通过左右连接架(小机型无)与调高油缸铰接。两个行走箱左右对称布置在牵引部的老塘侧,由两台牵引电机分别经左右牵引部减速箱驱动实现双向牵引。

采用销轨式牵引系统,导向滑靴和齿轨轮中心重合骑在输送机销轨上,可保证采煤机不掉道。机身中段为一整体连接框架,开关箱、变频器箱两个独立的电气部件分别从老塘侧装入联结框架(小机型采用电控箱集成机构)。调高泵箱、变压器箱两个独立的部件分别从老塘侧装入左右牵引部的一段框架内。摇臂采用直弯臂结构形式,左右通用,摇臂输出端采用方形出轴与滚筒联结。滚筒叶片和端盘上装有截齿,滚筒旋转时靠截齿落煤,再通过螺旋叶片将煤输送到工作面刮板运输机上。机器的操作可以在采煤机中部电控箱上或两端左右牵引部上的指令器进行,也可以用无线遥控器控制。采煤机中部可进行开停机、停输送机和牵引调速换向操作,采煤机两端和无线遥控均可进行停机牵引调速换向和滚筒的调高操作。

一、采煤机的类型、型号、主要参数

(一)采煤机的类型

采煤机是机械化采煤作业的主要机械设备,随着机械化程度的提高,目前主要使用的是双滚筒式采煤机。目前,国内外采煤机的种类甚多,分类方式也各不相同。在种类甚多的滚筒式采煤机中,目前最常用的是:按截割机构数量为双滚筒式;按牵引方式为无链牵引;按牵引机构设置方式为内牵引;按牵引控制方式为电牵引。本书所指采煤机主要是指上述类型的采煤机。

（二）采煤机的型号

根据行业标准《滚筒采煤机产品型号编制方法》(MT/T 83—2006)的规定,以 MG300/700-AWD 型采煤机为例对采煤机的型号进行说明。

M G 300 / 700 - A W D
电牵连引
无链
矮机身
总装机功率(kW)
截割电机功率(kW)
滚筒(系列号)
采煤机

（三）采煤机的主要参数

以 MG300/700-AWD 型无链电牵引采煤机为例对采煤机的主要参数进行说明,见表 4-1。

表 4-1　MG300/700-AWD 型无链电牵引采煤机主要参数

采煤机主要参数		参　数　值
采煤机型号		MG300/700-AWD
装机功率/kW		2×300+2×40+7.5
调速和牵引方式		交流变频调速,交流电机驱动 齿轮销轨式无链牵引
变频器	型号	ACS800-04-0210-5
	适配电机容量/kW	132(重载应用);160(重载应用)
	输出额定电流/A	192(重载应用);240(重载应用)
	输入电压/V	380,400,415
	输入频率/Hz	50
	短时过载电流/A	$1.5I_e$(I_e 为额定电流)
	运行频率/Hz	0~50~83
截割电机	型号	YBC-250
	额定功率/kW	250
	额定电压/V	1 140±10%
	额定电流/A	162

截割电机	额定转速/(r/min)	1 470
	工作制	连续
	绝缘等级	H
	冷却方式	定子水冷
	冷却水压力/MPa	≤3
	防爆形式	隔爆型
牵引电机	型号	YBQYS-40(B)
	额定功率/kW	40
	额定电压/V	380±10%
	额定电流/A	76
	额定转速/(r/min)	1 470
	工作制	连续
	绝缘等级	F
	冷却方式	定子水冷
	冷却水压力/MPa	≤3
	防爆形式	隔爆型
泵电机	型号	YBS-7.5
	额定功率/kW	7.5
	额定电压/V	1 140±10%
	额定电流/A	13.4
	额定转速/(r/min)	1 460
	工作制	连续
	绝缘等级	H
	冷却方式	定子水冷
	冷却水压力/MPa	≤3
	防爆形式	隔爆型

二、截割部

截割部包括截割机构及其传动装置,是采煤机直接进行工作(落煤和装煤)的部分,主要由截割电机、摇臂减速箱、滚筒等组成,机构内设有冷却系统、内喷雾等装置,如图 4-4 所示。

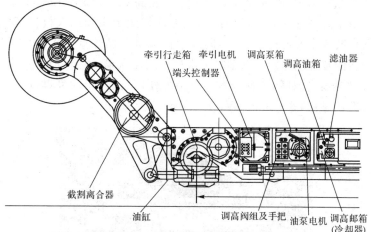

图 4-4 MG300/700-AWD 型无链电牵引采煤机截割部

截割部消耗的功率占整个采煤机功率的 80%～90%。

(一)截割电动机

截割电动机为矿用隔爆型三相交流异步电动机,横向安装在采煤机摇臂上,外壳水套冷却。安装时,注意电动机冷却水口与摇臂壳体相对,接线盒为左、右对称结构,使左、右截割电动机通用。接线喇叭口可以改变方向,方便电缆线引入。拆装时,可以利用电动机连接法兰上的顶丝螺孔顶出,从老塘侧抽出,拆装方便。

使用时注意:开机前应先检查冷却水的水量,先通水后启动电动机,严禁断水使用。当电动机长时间运行后,不要马上关闭冷却水,发现有异样声响时,应立即停机检查。

（二）截割滚筒

截割滚筒是采煤机的截割机构，担负着落煤、装煤的作用。

1. 螺旋滚筒结构组成

螺旋滚筒主要由滚筒筒体、截齿、齿座和喷嘴等组成。螺旋滚筒在转动中，通过螺旋滚筒上的截齿将煤壁上的煤破碎下来，并由螺旋叶片把煤沿滚筒的轴线方向推运出来和挡煤板将落下的煤装入工作面输送机中，同时滚筒端盘紧贴煤壁工作，用来切出新的整齐的煤壁。双滚筒采煤机的两个滚筒，通常分别布置在机身两端，且对称布置。为了使用方便，目前使用的采煤机普遍没有挡煤板，螺旋滚筒如图 4-5 所示。

图 4-5　采煤机的螺旋滚筒

滚筒与摇臂行星减速器出轴采用方形连接套连接，连接可靠，拆卸方便；滚筒筒体采用焊接结构。

滚筒属于易损件，所以开机前必须做到如下几点：

（1）检查滚筒上的截齿和喷嘴是否处于良好状态，若发现截齿刀头严重磨损，应即时更换，若喷嘴被堵，亦应即时更换，换下的喷嘴经清洗后可复用；

（2）检查滚筒上的截齿和喷嘴是否齐全，若发现丢失则应及时补上；

（3）截齿和喷嘴的固定必须牢靠；

（4）检查喷雾冷却系统管路是否漏水，水量、水压是否符合要求；

（5）检查固定滚筒用的螺栓是否松动，以防滚筒脱落；

（6）采煤机司机操作时，做到先通水后开机。停机时先停机后停水，并注意不让滚筒割支架顶梁和输送机铲煤板等金属件。

2. 滚筒螺旋叶片

滚筒采煤机的滚筒螺旋叶片升角的大小直接影响装煤的效果，普遍采用三头螺旋叶片，螺旋叶片的升角一般在 $8°\sim27°$ 范围内装煤效果好。叶片上两齿座之间布置内喷雾水道和喷嘴，压力水从喷嘴雾状喷出，以达到冷却截齿、降低煤尘和稀释瓦斯的目的。喷雾水是由喷雾泵站通过回转接头及滚筒空心轴引入喷嘴的，故称为内喷雾。

3. 滚筒截齿

（1）镐形截齿

滚筒截齿普遍采用镐形截齿，镐形截齿基本上是沿滚筒切线安装的，故又称切向截齿。镐形截齿落煤时主要靠齿尖的尖劈作用楔入煤体而将煤碎落，适用于截割各种硬度的煤，包括坚硬煤、黏性煤和脆性及裂隙多的煤，且破煤效果好，能耗小。裂隙不发达的韧性煤，镐形截齿不易楔入韧性煤，楔入后煤不易崩裂，使截齿被煤包住，致使截割阻力和电动机功率消耗急剧增加，不宜用镐形截齿。

镐形截齿分为圆锥形截齿和带刃扁截齿[图 4-6(a)和图 4-6(b)]。目前圆锥形截齿用得较多，因它的形状简单，制造容易，可以绕轴线自转，当截齿一侧磨损时，可以通过自转而自动磨锐齿头。我国生产的 MG 系列采煤机大多采用圆锥形截齿。

（2）截齿的失效形式及寿命

截齿失效形式有磨损、弯曲、崩合金片、掉合金、折断、丢失等，其中主要是磨损。截齿磨损量主要取决于煤层及夹矸的磨蚀性。

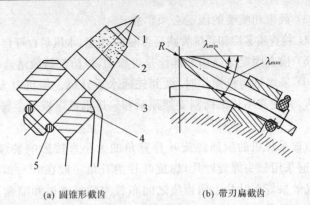

(a) 圆锥形截齿　　　　　　(b) 带刃扁截齿

图 4-6　镐形截齿

　　截齿磨损后,其端面与煤的接触面积增大,使阻力急剧上升。一般规定截齿齿尖的硬质合金磨去 1.5~3 mm 或与煤的接触面积大于 1 cm² 时,应及时更换截齿。其他失效形式出现时,也必须及时更换。截齿的消耗以千吨煤消耗截齿数来衡量,采煤机截齿消耗量为 10~100 个/千吨煤。

　　(3) 截齿的固定方式

　　目前常见截齿固定方式有圆柱销、弹性挡圈、橡胶圈、弹性卡圈等。

　　(三) 调高油缸

　　两个调高油缸设置在左右牵引传动部的煤壁侧,油缸缸体端与摇臂的回转腿铰接,活塞杆端与牵引减速箱上的支承座铰接。操作采煤机左、右两端头操作站的升、降按钮或中部调高泵站上的调高手把,即能控制调高油缸的伸、缩,从而将左、右摇臂都调节到所需的高度。调高油缸由液力锁、缸体、活塞杆和活塞等组成,该油缸采用缸体固定,活塞杆移动的运动方式,活塞左、右两腔的密封采用密封性能较好的蕾型密封圈。

　　(四) 截割部传动装置

　　滚筒采煤机截割部传动装置的功用是将采煤机电动机的动

力传递到滚筒上,固定减速箱和摇臂减速箱将电动机的转速降低到螺旋滚筒要求的转速以满足滚筒扭矩和转速的需要;同时传动装置还要适应滚筒调高的要求,使滚筒保持适当的工作位置。

由于截割部消耗的功率占采煤机总功率的 80%～90%,所以要求截割部传动装置具有高的强度、刚度和可靠性,良好的润滑、密封、散热条件和商的传动效率。

1. 截割部的传动方式

常见的截割部的传动方式有以下几种:

(1)电动机—固定减速箱—摇臂—滚筒[图 4-7(a)]。这种传动方式应用较多,DY-150 型、BM-100 型采煤机均采用这种传动方式,其特点是传动简单,摇臂从固定减速箱端部伸出,支承可靠,强度和刚度好,但摇臂下降位置受输送机限制,卧底量较小。

(2)电动机—固定减速箱—摇臂—行星齿轮传动滚筒[图 4-7(b)]。在滚筒内装了行星齿轮传动后,可使前几级传动比减小,简化了传动系统,并使末级齿轮(行星齿轮)的模数减小,但筒壳尺寸要加大,故这种传动方式适合于中厚煤层采煤机,如MG-200N、MXA-300、AM-500 型等采煤机。

上面两种传动方式都是采用摇臂来调高的,调高范围由摇臂长度和摆角确定。

(3)电动机—减速箱滚筒[图 4-7(c)]。这种传动方式取消了摇臂,而靠电动机、减速箱和滚筒组成的截割部来调高,这样可以减小传动装置中的齿轮数,机壳的强度、刚度有所增大,且调高范围大,采煤机机身长度也可缩短,有利于采煤机自开切口工作。

(4)电动机摇臂—行星齿轮传动滚筒[图 4-7(d)]。这种传动方式取消了容易损坏的锥齿轮,传动简单,调高范围大,机身长度小。MG-475W 型采煤机和 MGTY500/1200-3.3D 型电牵引采煤机都采用这种传动方式。

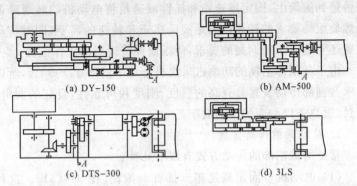

(a) DY-150　　　　　　　　(b) AM-500

(c) DTS-300　　　　　　　　(d) 3LS

图 4-7　截割部传动方式

2. 截割部的传动特点

采煤机截割部传动装置具有以下特点：

（1）采煤机电动机都采用四级电机，其出轴转速 n_d＝1 460～1 475 r/min，而滚筒转速一般为 n＝30～50 r/min，通常截割部采用了 3～5 级齿轮减速。

（2）大部分采煤机电动机的轴心与滚筒轴心垂直，所以传动装置的高速级总有一对锥齿轮。

（3）截割部传动系统中设有离合器，用于采煤机调动或检查滚筒和更换截齿时，使截割部脱开，滚筒不动，以保证工作安全。

（4）为了适应不同煤质的要求，滚筒有两种转速，利用变速齿轮来变速。

（5）为加长摇臂，扩大滚筒调高范围，摇臂内常装有一串惰轮。

（6）由于行星齿轮传动为多齿啮合，传动比大，效率高，可减小齿轮模数，所以末级采用行星齿轮传动。

（7）采煤机滚筒承受很大的冲击载荷，为保护传动件，最好在传动系统中设保护装置（如 MG-300 型采煤机中的剪切销）。

三、牵引部

MG300/700-AWD 型电牵引采煤机的牵引部由机械传动系

统和变频调速系统组成,传动系统由牵引减速箱和行走箱两部分组成,如图4-8所示。

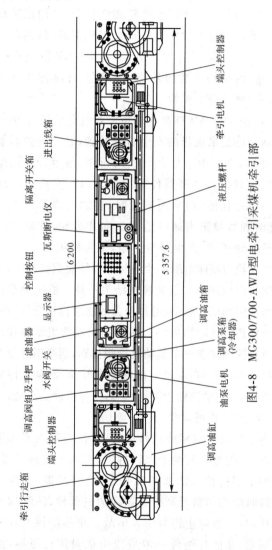

图4-8 MG300/700-AWD型电牵引采煤机牵引部

(一)液压制动器

《煤矿安全规程》要求:煤层倾角在15°以上时,必须有可靠的防滑装置。防滑装置装在驱动链轮或底托架上,用以防止采煤机上行牵引下滑时引起事故。为防止采煤机下滑,目前电牵引采煤机普遍采用液压制动器防滑。MG300/700-AWD型电牵引采煤机液压制动器的结构主要由外壳、花键套、外摩擦片、内摩擦片、圆盖、缸体、活塞及碟形弹簧组成。

1. MG300/700-AWD型电牵引采煤机的液压制动器

液压制动器是采煤机的安全防滑装置,是一种弹簧加载液压释放式制动器,主要由缸体、活塞、内齿圈、前盖、后盖、摩擦片组件、片齿轮、加载弹簧及密封件等组成。由调高液压系统控制油路自进油口供油松闸,切断控制油时,在加载弹簧作用下进入抱闸状态,此时加载弹簧力通过活塞压向片齿轮,使两组摩擦片组件与片齿轮紧密压靠,产生摩擦力矩,采煤机被制动。松闸时,两组小弹簧的弹簧力使两组摩擦片组与片齿轮脱离接触。缸体、后盖和前盖分别与内齿圈用二组螺栓联结为一体。液压制动器通过前盖的止口与牵引部机壳联结,通过前盖的法兰盘用螺栓与牵引部机壳把紧。电机齿轮轴的轴齿轮一端与制动器两组摩擦片组的内齿轮联结。液压控制油受一个制动电磁阀控制,当牵引速度为零或电气控制发出制动信号时,制动电磁阀断电复位,制动器内的压力油经电磁阀回油池,制动器处于制动状态,采煤机静止不动。

2. 机械释放(松闸)

若液压系统发生故障或检修拆卸时,液压制动器可用机械方式释放。方法:把端面的两个螺钉拆下,把两个对称的螺塞拆下,用端面的两个螺钉拧入活塞的螺孔中,活塞被提起,制动器即被释放。拆卸时应均匀松开联结后盖周边的螺栓,缓慢均匀地释放弹簧的预压力,注意防止弹力伤人事故。更换摩擦片或密封圈时才需拆卸后盖,摩擦片组件一般应成组成对进行更换,换下的组件如内齿无损伤只更换摩擦片即可。

（二）无链牵引机构

无链牵引机构主要有齿轮销轨式和销轮齿轨式两种结构。现代采煤机的牵引速度一般为 0～10 m/min，有的牵引速度已达到 20 m/min，其中高速部分用于空载调动，截煤时用的牵引速度一般不超过 6 m/min。MG300/700-AWD 型电牵引采煤机由于采用齿轮销轨式无链牵引，故牵引力、制动力较大，导向较可靠。齿轨轮与导向滑靴同轴，且可以轴向窜动，因此，采煤机对工作面底板起伏和输送机弯曲的适应性较好，齿轮销轨式无链牵引是目前国内外使用较多的无链牵引形式之一。

四、电气部

（一）采煤机电气部分结构组成

采煤机电气部一般由电动机、电控箱、中间箱、电磁阀箱、分线盒、按钮盒等部件组成。电气部是采煤机的动力源，通过传动机构将动力传递给截割部的工作机构和牵引部的牵引机构，为采煤机提供落煤、装煤以及沿工作面运行所需的动力。MG300/700型系列采煤机是一种多电机驱动、电机横向布置，采用交流变频调速装置的电牵引采煤机；截割摇臂用销轴与牵引部连接，左、右牵引部及中间箱采用高强度液压螺栓连接。整机由 2 台截割电机、2 台牵引电机、1 台调高电机组成，如图 4-3 所示。所有电机横向装入每个独立的机壳内，各部件均有独立的动力源，省略了复杂的螺旋伞齿轮传动及过轴系统，各大部件之间无动力的传递，故障点、漏油点减少，维护、维修方便。

（二）采煤机电气部分的主要部件及作用

1. 采煤机电机

（1）截割电机：功率为 300 kW，额定电压 1 140 V，矿用隔爆型鼠笼电机，布置于采煤机的左、右摇臂上，用于驱动滚筒割煤。

（2）牵引电机：功率为 40 kW，额定电压 380 V，额定电流为

72 A，矿用隔爆型，开关磁阻电动机，布置于采煤机的左、右牵引减速箱内，用于驱动牵引系统。

（3）泵电机：功率为 18.5 kW，额定电压 1 140 V，额定电流为 11.1 A，矿用隔爆型鼠笼电机，布置于采煤机的泵箱内，用于驱动液压泵。

2. 电动机控制箱

电动机控制箱指电机电控腔和接线腔，两腔都是隔爆兼安全火花型，电控腔大盖上有铭牌和开盖警告牌。电控腔内是电气设备的主要安装地方，隔离开关是采煤机上的电源开关，其作用是接通或断开采煤机电源。在采煤机正常工作时，隔离开关应在电动机无负荷的情况下操作，用于接通或断开电源。而在紧急事故情况下，也允许在电动机带负荷情况下断开电源，但绝不允许用来直接启动采煤机。腔体的上方装有电源组件，包括控制变压器、安全火花电源、玻璃管熔断器和电流互感器；腔体下部装有超载保护组件，在隔离开关与芯架之间装有熔断架，其上装有两只 1 140 V/1 A 的高压熔断器，腔内有两条插接线排和直线槽。电控腔大盖板上装有闭锁输送机的停止按钮、热保护试验按钮、复位按钮；中间有隔离开关手柄、电机超载试验按钮和开动采煤机的启、停旋钮。

3. 中间箱

中间箱主要是供采煤机电机电缆配线用。

4. 电磁阀箱

例如，MG300/700-AWD 型电牵引采煤机的控制箱位于主机架中央，它可以在采空侧方便地推入和抽出，主要功能是完成对采煤机的控制和监测。控制箱内设有监控装置、牵电装置、变频装置及一些辅助设备。从高压箱送来的 400 V 电源 W6，通过控制箱的牵电装置再送给变频器，实现采煤机的牵引；同时把 400 V 经辅控变压器 3 T 供给控制箱内的辅助用电设备。从高压箱送来的 220 V 控制电源经自动开关 4QF 送给直流电源装置和本安电源装置,产生 24 V 开关电源和 SV 本安电源。监测信号由有关设备进入到控制箱,实现整机控制。

五、辅助装置

辅助装置包括底托架、冷却喷雾装置（MG300/700-AWD 型电牵引采煤机冷却喷雾系统如图 4-9 所示）和防滑装置等,其作用是辅助采煤机的正常工作。

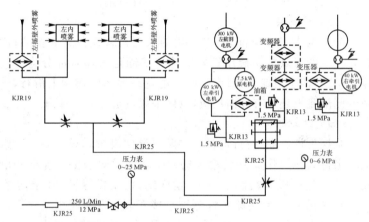

图 4-9　MG300/700-AWD 型电牵引采煤机冷却喷雾系统

MG300/700-AWD 型电牵引采煤机的喷雾冷却系统由水阀、安全阀、节流阀、喷嘴、高压软管及有关连接件等组成。

（一）喷雾冷却系统

采煤机工作时,滚筒在割煤和装煤过程中会产生大量煤尘,不仅降低了工作面的能见度,影响正常生产,而且对安全生产和工人健康也会产生严重影响,因此必须及时降尘,最大限度地降低空气中的含尘量;同时采煤机在工作时,各主要部件（如水冷电动机、摇臂等）会产生很大热量,须及时进行冷却,以保证工作面生产的顺利进行。所以采煤机的喷雾降尘装置既可以降尘、冷却截齿、湿润煤层,又可以扑灭截割火花、稀释有害气体浓度。

（二）拖缆装置

拖缆装置由拖缆架、连接板、销、电缆夹板等组成。使用电缆夹板的主要目的是当采煤机沿工作面运行时,使拖曳力主要由电缆夹板来承受,以保护电缆和水管,同时还能使拖曳平稳、阻力小。电缆和水管进入工作面后安装在工作面输送机侧面的固定电缆槽内,至输送机的中点再进入电缆槽并装电缆夹板,故移动电缆和水管的长度为工作面长度一半略有空余。

（三）底托架

为了增大过煤空间,目前使用的采煤机普遍没有底托架;没有底托架的采煤机用液压锁紧螺栓连接固定机器各部分为一整体;下装有四个滑靴,机器牵引时靠滑靴在输送机槽帮上滑行,槽帮外侧滑靴上还装有导向挡板,以使采煤机滑行时不掉道。

（四）滑靴组件

采煤机依靠左、右行走箱上的两只导向滑靴和煤壁侧的两组滑靴组件骑在工作面刮板输送机的销轨和铲煤板上。煤壁侧滑靴组件由连接板、滑靴、定位销、紧固螺钉、压板等组成。由于本机没有底托架,两组滑靴组件分别直接安装在左右牵引减速箱靠煤壁侧的箱体上。改变连接板的高度和行走箱的结构可以改变机器的机面高度;改变连接板的厚度可以与多种宽度的运输机配套。

第五章　初级工技能要求

第一节　采煤机操作及注意事项

一、采煤机安全操作

（一）开机前的准备

采煤机司机开车前须对工作面进行全面检查，并且在设备检查中发现的问题应及时处理好。

1. 工作面的检查、准备

（1）检查支护情况，主要检查液压支架的接顶状态、架间密封及护帮情况。

（2）观察煤层变化以及顶、底板的起伏变化情况。

（3）观察工作面输送机运行及推移情况。

（4）注意采煤机周围有无障碍、杂物及人员。

2. 设备检查

（1）各把手、按钮、旋钮应灵活、可靠，均置于"零位"或"停止"位置。

（2）截割部离合器把手置于"断开"位置，并插上闭锁插销。

（3）截齿齐全、锐利、牢固。

（4）各连接螺栓齐全、紧固。

（5）无链牵引采煤机齿轨无断裂，并连接可靠，紧链装置及其安全阀是否可靠。

（6）滑靴、导向靴磨损正常，无断裂。

（7）电缆及拖缆装置完好无损，电缆槽内无煤块或矸石。

（8）水管完好无损，冷却、喷雾系统完好，喷嘴畅通，水压和水量符合规定。

（9）液压油和润滑油（脂）的油量和油质都符合规定要求。

（10）各过滤器无堵塞现象。

（11）工作面信号系统工作正常。

3. 试运转

每班开始工作前，应脱开滚筒和牵引链轮，在停止供水的情况下空运转 10～15 min，使油温升至 40 ℃左右时再正常开机。空运转及正常开机时，注意观察滚筒及各部状况，倾听运转声音，观察液压系统和冷却喷雾系统的压力是否正常，有无渗漏，喷水雾化效果是否良好。以上各项检查和试运转工作结束后，方可发出预警信号，准备开机。

但当有下列情况之一者，不准开机割煤：

（1）无冷却水或水量达不到要求；

（2）遇有坚硬夹层超过采煤机的截割硬度指标；

（3）刮板输送机出现急弯；

（4）采高低于作业规程要求；

（5）违章指挥。

（二）运行操作

（1）检查工作结束后，发出信号通知运输系统控制人员由外向里按顺序逐台启动输送机。

（2）待工作面输送机启动后，方可按下列顺序启动采煤机：

① 合上电动机隔离开关；

② 点动启动按钮，待电动机即将停止转动时，合上截割部离合器；

③ 打开水阀总闸，供给冷却喷雾水；

④ 发出采煤机启动预警信号，并注意机器周围有无人员及障

碍物；

⑤ 按启动按钮，观察滚筒转动方向是否正确；

⑥ 操作调高把手或按钮，将挡煤板翻转到滚筒后面，再把滚筒调至所需高度。

（3）要根据煤层结构及煤质情况确定和随时调整采煤机的牵引速度；牵引速度要由小到大逐渐增加，不许猛增。

（4）顶、底板不好时要采取措施，不许强行切割，也不准甩下不管。对硫化铁结核、夹矸、断层及空巷等要提前处理好。

（5）随时注意采煤机各部的温度、压力、声音和运行情况，发现异常情况要及时停机检查并处理好，否则不许继续开机。

（6）大块煤、矸石及其他物料不准拉入采煤机底托架或机身下，以防卡住采煤机过煤空间，或造成采煤机脱轨落道。

（7）电缆、水管不得受拉、受挤压，不许拖到电缆槽或电缆车外。

（8）不许在电动机开动的情况下，操作滚筒离合器。

（9）运转过程中，应注意观察冷却喷雾水的压力、流量及雾化情况是否符合要求。无水时不得开机割煤。

（10）不允许频繁启动电动机（处理故障时除外）。

（11）停机时，坚持先停牵引机构，后停电动机。无异常情况，不允许在运行中直接用停电动机的方式停机，更不允许用紧急停机把手（或按钮）直接停机。

（三）停机操作

停机操作分为正常停机操作和紧急停机操作两种情况。

1. 正常停机操作

正常停机操作的原则是：先停牵引，后停电动机。

将牵引调速把手打到零位，停止牵引；待截割滚筒内余煤排净后，用停止按钮停电动机；把离合器及隔离开关操作把手打到断开位置，关闭进水截止阀。以上是液压牵引采煤机正常停机操作情况。对于电牵引采煤机,正常情况下停机要先牵停,再停牵断,最后主停,然后将离合器、隔离开关把手打在断开位置上,同时关闭冷却、喷雾水路。

2. 紧急停机操作

一般情况下不允许操作急停开关或主停止按钮,遇有下列情况之一时可以紧急停车:

(1)采煤机负荷过大,电动机被憋住(闷车)。

(2)采煤机附近片帮、冒顶,危及安全。

(3)出现重大人身伤亡事故。

(4)采煤机本身发生异常,如内部发生异响、电缆拖移装置出槽卡住、采煤机掉道、采煤机突然停止供水、采煤机失控等。

3. 停机要求

(1)一般应选择顶板完整、无淋水的位置停机,采煤机停止运转后,司机必须将所有的离合、隔离开关把手打在断开位置上。

(2)临时停机时,在电动机隔离开关未停、滚筒离合器未脱离的情况下,司机不得离开岗位。

(3)停机后如司机要暂时离开或长时间停机,要将两个滚筒放到底板上,将隔离开关打在断开位置,滚筒离合把手打在脱离位置上,关闭进水总截止阀。

(4)采煤机必须在空载情况下停机。

(5)电动机正常停机,不允许使用隔离开关把手,只有在特殊情况下或停止按钮不起作用时,才可使用,但此后必须检修隔离开关的触点。

(四)MG300/700-AWD型电牵引采煤机的操作

1. 开机前检查的注意事项

(1)机器开动前所有人员必须离开机器一段距离。

(2)机械检查:滚筒有无卡死现象;各操作手把、按钮及离合器手把位置是否正常;油位是否符合规定要求,有无渗漏现象;截齿是否齐全,是否需要更换。

(3)电器检查:有无失爆现象。

2. 操作顺序

(1)各种手把、按钮和显示在采煤机上的位置如图 5-1 所示。

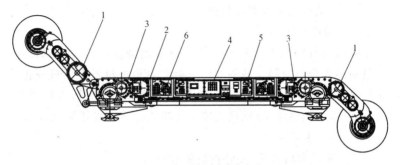

图 5-1　电牵引采煤机 MG300/700-AWD 型操作位置

1——截割部离合手柄;2——手动调高手柄;3——端头控制站;

4——采煤机操作按钮;5——隔离开关;6——水阀开关

总停:采煤机停电。

总启:采煤机启动。

运停:运输机停止。

单牵:只采用一个牵引牵引。

牵停:变频器停止运行。

左牵:机器在零位时,按左牵选定左牵方向且不松手时机器向左行走,按的时间越长速度越高。需要减速按右牵按钮,机器左行时需要加速按左牵。

右牵:机器在零位时,按右牵选定右牵方向且不松手时机器向右行走,按的时间越长速度越高。需要减速按左牵按钮,机器右行时需要加速按右牵。

左升:左摇臂升起。

右升:右摇臂升起。

左降:左摇臂降下。

右降:右摇臂降下。

右启:右截割电机启动(备用)。

右停:右截割电机停止(备用)。

漏电:电动机漏电实验按钮。

(2)操作顺序如下:

接通电气隔离开关→开通水阀→点动截割电机,停稳后,闭合截割部离合器→启动截割电机→启动牵引电机及泵电机→正、反牵引→正常停车(停牵引)→停牵引电机,停泵电机,停截割电机,再停水→紧急停车(揿紧急停止按钮或打开隔离开关)。

3.操作注意事项

(1)先供水后开机,先停机后关水。

(2)未遇意外情况,在停机时不允许使用紧急停车措施。

(3)随时注意滚筒位置,防止割顶梁或铲煤板。

(4)随时注意电缆运动状态,防止电缆和水管挤压,蹩劲和跳槽等事故的发生。

(5)注意观察油压、油温及机器的运转情况,如有异常,应立即停机检查。如液压系统控制油路压力(低压表表压)低于1.4 MPa,应立即停机和检查。

(6)经常观察油位、油温及声响,如有异常情况,应立即停车检查并及时排除故障。

(7)较长时间停机或下班时必须断开隔离开关,把离合器手把脱开,并关闭水阀开关。

第二节　采煤机的日常维护与一般检修

为充分发挥采煤机的效能,提高生产效率,除要求采煤机本身应具有先进性能外,还应具有科学合理的操作维护制度和检修技术,采煤机的使用寿命及工作的可靠性,在很大程度上取决于对其正确的维护和检修。因此,采煤机必须有维修和保养制度,并有专人维护,以保证设备性能良好。《煤矿机电设备完好标准》对采煤机有严格规定。

一、采煤机的完好标准、检修质量标准

（一）采煤机的完好标准

1. 机体的完好标准

（1）机壳、盖板无裂纹、固定牢靠,接合面严密、不漏油。

（2）操作把手、按钮、旋钮完整,动作灵活可靠,位置正确。

（3）仪表齐全、灵敏准确。

（4）水管接头牢固,截止阀灵活,过滤器不堵塞,水路畅通、不漏水。

2. 牵引部的完好标准

（1）无链牵引链轮与齿条、销轨或链轨的啮合可靠。

（2）牵引部运转无异响,调速均匀、准确;牵引链伸长量不大于设计长度的3%。

（3）牵引链轮与牵引链传动灵活,无咬链现象;牵引链张紧装置齐全、可靠,弹簧完整。

（4）紧链液压装置完整,不漏油;转链、导链装置齐全,后者磨损不大于10 mm;液压油质量符合有关要求。

3. 截割部的完好标准

（1）齿轮传动无异响,油位适当,在倾斜工作位置,齿轮能带油,轴头不漏油。

（2）离合器动作灵活可靠。

（3）摇臂升降灵活,不自动下降。

（4）摇臂千斤顶无损伤,不漏油。

4. 截割滚筒的完好标准

（1）滚筒无裂纹或开焊。

（2）喷雾装置齐全，水路畅通，喷嘴不堵塞，水成雾状喷出。

（3）螺旋叶片磨损量不超过内喷雾螺纹。无内喷雾的螺旋叶片磨损量不超过原厚度的 1/3。

（4）截齿缺少或截齿无合金的数量不超过 10%，齿座损坏或短缺的数量不超过 2 个。

（5）挡煤板无严重变形，翻转装置动作灵活。

5. 电气部分的完好标准

（1）电动机冷却水路畅通，不漏水。

（2）电缆夹齐全、牢固，不出槽，电缆不受拉力。

6. 安全保护装置的完好标准

采煤机原有安全保护装置（如刮板输送机的闭锁装置、制动装置、机械摩擦过载保护装置、电动机恒功率装置及各种电气保护装置）齐全、可靠，整定合格。

7. 底托架、破碎机的完好标准

（1）底托架无严重变形，螺栓齐全紧固，与牵引部及截割部接触平稳，挡铁严密。

（2）滑靴磨损均匀，磨损量小于 10 mm。

（3）支撑架固定牢靠，滚轮转动灵活。

（4）破碎机动作灵活、可靠，无严重变形、磨损，破碎齿齐全。

（二）采煤机的检修质量标准

1. 牵引部的检修质量标准

（1）牵引部箱体内不得有任何杂物，各元部件必须清洗，不允许有锈斑。

（2）组装时必须认真检查各零部件的连接，安装管路必须正确无误。

（3）伺服机构调零必须准确。

（4）按规定注入新油液，并排净管路系统内的空气。

（5）各种安全保护装置必须齐全、灵敏、可靠，并按规定值调定,不得甩掉任何一种保护装置。

（6）试验准备:按要求注油排气、接通电源、接上冷却水,水温不低于 10 ℃。

（7）空运转试验:以最大牵引速度正反向空运转各 30 min,要求操作灵活、运转平稳、无异常响声或强烈振动,各部分温升正常,所有油管接头和各接合面密封处无渗漏现象,测定的空载最大牵引速度(输出轴转速)应符合设计要求。

（8）性能调试:液压油的油温为(50±5)℃时,根据设计要求调定系统的压力特征(背压、压力调速、压力保护,低压失压保护等)和流量特性(升速时间、降速时间)。

（9）容积效率试验:在额定牵引速度下,油温为(50±5)℃时,加载至额定压力,记录空载和额定压力下的输出轴转速,正反向各测一次,并计算容积效率 η_v,其值不低于 80%。

$$\eta_v(\%)=\frac{额定压力时的输出轴转速}{空载时的输出轴转速}\times100\%$$

（10）温升试验:在额定牵引速度和额定压力下连续运转,每 30 min 记录一次各油池油温,直到各油池油温都达到热平衡(每小时温升不超过 1 ℃)。待油温降低后反向重复以上试验。进行上述试验时正反向重复以上试验。进行上述试验时正反向加载运转都不得少于 3 h。液压油池油温达到热平衡时,温升不大于 50 ℃,最高油温不大于 75 ℃。各齿轮箱油池油温达到热平衡时,温升不大于 75 ℃,最高油温不大于 100 ℃。运转过程中,应无异常噪音和撞击声,无渗漏现象。试验结束后,检查齿面接触情况,应无点蚀、剥落或胶合等现象。

（11）试验后,放油清洗油池,更换滤油器。

2. 截割部的检修质量标准

（1）机壳内不得有任何杂物,不允许有锈斑。

（2）各传动齿轮完好无损,啮合状况符合规定。

（3）各部轴承符合配合要求,无异常。

（4）各部油封完好无损,不得渗漏。

（5）按规定注入新的润滑油和润滑脂。

（6）离合器手把、调高手把、挡煤板翻转手把等必须动作灵活、可靠,位置正确。

（7）滚筒不得有裂纹和开焊现象,螺旋叶片的磨损量不超过原厚度的 1/3。

（8）端面及径向齿座完整无缺,其孔磨损不超过 1.5 mm,补焊齿座的角度应正确无误。

（9）滚筒与摇臂连接处的定位销孔,其圆柱度不得大于0.8 mm。

（10）试验准备:截割部组装注油后,接通电源,按设计要求的水量接上冷却水,冷却水温度不低于 10 ℃。

（11）轻载跑合试验:每台截割部都应进行轻载（额定功率的25%）跑合,跑合时间不得少于 2 h。试验过程中,不得有异常噪音和温升。跑合后,放油清洗油池。

（12）加载试验:重新加油进行 2.5 h 的连续加载试验。按电机 50% 的额定功率运转 1 h;按电机 75% 的额定功率运转 1 h;按电机的额定功率运转 0.5 h;运转过程中,应无异常噪音和撞击声,无渗漏现象。试验后检查齿面接触情况,应无点蚀、剥落或胶合现象,最高油温不得大于 100 ℃。

3. 附属装置的检修质量标准

（1）内、外喷雾系统水路畅通,喷嘴齐全,不得有漏水现象。

（2）底托架和挡煤板应无变形、裂纹及开焊现象,底托架的平面度不得大于 5 mm。

（3）滑靴磨损量不得超过 10 mm,其销轴磨损量不得超过 1 mm。

（4）冷却系统必须工作可靠,冷却器、管路均应做 1.5 倍额定压力的耐压试验,不得有变形和渗漏现象。

（5）导向器不得有变形、卡阻现象。

（6）无链牵引装置连接可靠,各零部件磨损量不超限。

（7）防滑装置应可靠、无误,制动力矩应符合原设计要求。

（8）机身护板整形、配齐。

（9）液压螺栓:更换所有的密封;进行耐压和动作试验,不得出现漏液。

4. 电控箱、电动机的检修质量标准

（1）箱体、电气零部件清理干净,连接牢固,排线整齐,线号清晰。

（2）箱体、接线装置符合煤矿防爆电器的技术要求,应符合GB 3836.2－2010 的要求。

（3）不允许甩掉任何保护装置和保护电路。

（4）各按钮、旋钮灵活、灵敏、可靠。

（5）绝缘值、调整值符合技术文件的要求。

5. 变频调速装置的检修质量标准

（1）在额定工况下,输出频率为 50 Hz,能拖动额定负载的牵引电动机长期运行。

（2）在 0～50 Hz 范围内呈恒转矩特性,当达到额定转矩的110％时速度自动下降,变频器在 50～83.4 Hz（或 50～100 Hz）范围内呈恒功率特性。

（3）变频器的供电电压波动允许范围应符合产品设计要求（或产品说明书）,供电电压在规定范围内变频器应能正常工作,低于规定值时欠电压保护动作,高于规定值时过电压保护动作。

（4）变频调速装置的外观和标志应符合产品设计要求,紧固件均应齐全、完好,并有防止自行松脱的措施。

（5）变频调速箱负载能力试验:变频调速箱驱动牵引电动机用直接负载法加载荷,测试牵引电动机的转速转矩,验证变频器在 5～50 Hz 范围内的恒转矩特性,50～83.4 Hz(50～100 Hz)范围内的恒功率特性,以及达到 110%额定转矩后速度自动下降的功能。

(6)变频调速箱(变频器)供电波动范围验证试验:变频器牵引电动机空载运行,改变供电电压,验证变频器当供电电压在产品设计规定的范围内能正常工作,当供电电压低于规定值时欠电压保护动作,当供电电压高于规定值时过电压保护动作。

(7)变频器漏电闭锁保护动作验证试验:把可变电阻接于变频器输出回路与接地端子之间,模拟变频器输出回路的绝缘电阻,减少可变电阻值直到变频器漏电闭锁保护动作,此时可变电阻阻值即变频器漏电闭锁保护动作值,验证是否符合产品标准要求。

(8)变频调速装置外观和标志符合要求,紧固件齐全符合要求。

6. 整机试验

(1)操作试验:操纵各操作手把、控制按钮,动作应灵活、准确、可靠,仪表显示正确。

(2)整机空运转试验:牵引部手把放在最大牵引速度位置,合上截割部离合器手把,进行 2 h 原地整机空运转试验,其中,滚筒调至最高位置,牵引部正向牵引运转 1 h;滚筒调至最低位置,牵引部反向牵引运转 1 h。同时,还应符合下列要求:运行正常,无异常噪音和振动,无异常温升,并测定滚筒转速和最大牵引速度;所有管路系统和各结合面密封处无渗漏现象,紧固件不松动;测定空载电动机功率和液压系统压力。

(3)调高系统试验:操作调高手把使摇臂升降,要求速度平稳,测量由最低位置到最高位置和由最高位置到最低位置所需要的时间(一般不超过 2.5 min 和 2 min)和液压系统压力(不超过额定值)。其最大采高和卧底量应符合设计要求。最后将摇臂停在近水平位置,持续 16 h 后,下降量不得大于 25 mm。

二、采煤机日常检查

对采煤机的维修保养实行班检、日检、周检和月检,这是一项对设备强制检修的有效措施,称为"四检制"。

（一）班检

班检由当班采煤机司机负责进行,时间不少于 30 min。

（1）检查各部连接件是否齐全、紧固,特别要注意检查各部对口、盖板、滑靴及防爆电气设备的联接与紧固情况。

（2）安全阀动作值是否合理。

（3）检查导向管、齿轨、销轨（销排）连接是否固定、可靠,发现有松动、断裂或其他异常现象及损坏等,应及时更换处理。

（4）检查电缆、电缆夹及拖移装置连接是否可靠,有无扭曲、挤压、损坏等现象;电缆及水管不许在电缆槽外拖移。

（5）检查外观卫生情况,保持各部清洁,无影响机器散热和正常运行的杂物。

（6）检查各种信号、仪表、闭锁情况,确保信号清晰、通讯正常,仪表显示灵敏可靠,各闭锁可靠。

（7）检查滚筒是否有裂隙等影响正常工作的缺陷,检查截齿是否齐全、锐利或损坏。

（8）检查各部操作控制手柄、按钮是否齐全、灵活、可靠,位置是否正确。

（9）检查液压与冷却喷雾装置有无泄漏,压力、流量是否符合规定,喷嘴是否有短缺、堵塞现象,喷雾雾化效果是否良好。

（10）检查急停、防滑、制动装置性能是否良好,动作是否可靠。

（11）倾听各部运转声音是否正常,发现问题要查明原因并处理好。

（二）日检

日检由维修班长负责，有关维修工和司机参加，检查处理时间不少于 4 h。

（1）处理班检处理不了或尚未处理的问题。

（2）按润滑图表检查、调整各腔室油量，对有关润滑点补充相应的润滑油脂。

（3）检查处理各渗漏部位。

（4）检查供水系统零部件是否齐全，有无泄漏、堵塞，水压、水量是否符合规定，发现问题应及时处理。

（5）检查滚筒端盘、叶片有无开裂、严重磨损及截齿短缺、齿座损坏现象，发现有较严重的问题时应考虑更换。

（6）检查电气保护整定情况，搞好电气保护试验。

（7）检查电动部及各传动部位温度情况，如发现温度过高，要及时查明原因并进行处理。

（三）采煤机冷却喷雾系统日常检查

该系统日常检查内容如下：

（1）检查供水压力、流量、水质，发现不符合用水要求时，要及时查清原因并处理好。

（2）检查供水系统有无漏水情况，若发现漏水，要及时处理好。

（3）每班检查喷嘴状况，如有堵塞或脱落，要及时疏通和补充。

（4）每周检查 1 次水过滤器，必要时清洗并清除堵塞物。如经常严重堵塞，要缩短检查周期，必要时每日检查 1 次，确保供水质量。

（四）周检

周检由采煤机电队长负责，机电技术人员及日检人员参加，检查处理时间一般不少于 6 h。

（1）进行日检各项检查内容,处理日检中难以处理的问题。

（2）认真检查处理对口、滑靴、支撑架、机身等部位相互间连接情况和滚筒连接螺栓的松动情况,及时紧固或更换失效的紧固件。

（3）检查各部油位、油质情况,必要时进行油质化验。

（4）检查过滤器,必要时清洗或更换滤芯。

（5）检查电控箱,确保腔内干净、无杂物,压线不松动,符合防爆与完好要求。

（6）检查电缆有无破损,接线、出线是否符合规定。

（7）检查接地等保护设施是否符合规程规定。

（五）月检

月检由机电副矿长或机电副总工程师组织机电科和周检人员参加,检查处理时间同周检或稍长一些。

（1）进行周检各项检查内容,处理周检中难以处理的问题。

（2）检查油脂情况,处理漏油,取油样化验。

（3）检查液压系统的工作情况并测量压力。

（4）检查和调整各部保护装置的性能。

（5）更换和修理损坏和变形的零部件。

（6）遥测采煤机电缆的绝缘程度。

（7）检查并遥测电动机的绝缘程度。

（8）检查电动机本身的电控装置,紧固各螺栓。

（9）对防滑、制动装置的性能进行测试检查。

（六）采煤机维护检修时应遵守的规定

（1）坚持"四检"制度,不准将维修时间挪作生产或他用。

（2）严格执行采煤机使用的有关规定、管理制度及标准要求。

（3）充分利用维修时间,合理组织安排人员,认真完成维修的计划任务。

（4）检修标准按原煤炭部 1987 年颁发的《煤矿机电设备检修质量标准》执行。

（5）未经批准,严禁在井下打开牵引部机盖。必须在井下打开牵引部机盖时,需由矿机电部门提出申请,经矿机电领导批准后实施。开盖前要彻底清理采煤机上盖的煤矸等杂物,清理四周环境并洒水降尘,然后在施工部位上方吊挂四周封闭的工作帐篷,检修人员在帐篷内施工。

（6）检修时,检修班长或施工组长（或其他施工人员等）要先检查施工地点的工作条件和安全情况,再把采煤机各开关、手把反置于停止或断开位置,并打开隔离开关（含磁力启动器中的隔离开关）,闭锁工作面输送机。

（7）注油清洗要按油质管理细则执行,注油口设在上盖上,注油前要先清理干净所有碎、杂物,注油后要清除油迹,并加密封胶,然后紧固好。

（8）检修结束后,按操作规程进行空运转,试验合格后再停机断电,结束检修工作。

（9）检查螺纹连接件时,必须注意防松螺母的特性,不符合使用条件或失效的应予以更换。

（10）在检修和施工过程中,应做好采煤机的防滑工作。注意观察周围环境变化情况,确保安全施工。

（11）维修工作结束后要做好检修维护记录。

三、采煤机的检修

（一）采煤机的小修

当采煤机投入使用后,应当每 3 个月进行一次停机小修,提前处理有可能导致严重损坏的隐患问题。

（1）将破损的软管全部更新,各种阀、液压接头和仪表若不可靠,应进行更换。

（2）各油室应清洗干净,更换已经过滤的新油液。

（3）全部紧固所有的连接螺栓。

（4）对每个润滑点加注足够润滑油脂。

（5）齿座若有开焊或裂纹应重新焊好。

（二）采煤机的中修

采煤机的中修一般在使用期 6 个月以上或采煤 35 万 t 以上时进行，中修场地应设在有起重设备的厂房内，中修项目包括：

（1）拆下所有盖板、液压系统管路和冷却系统管路。

（2）清洗机器周围所有的脏物和被拆下的零部件。

（3）更换已损坏的易损件，如密封、轴承、接头、阀、仪表和液压组件等。

（4）检查截割部、牵引部的齿轮传动是否有异常。

（5）所有的齿轮箱、液压箱内部要清洗干净，并按规定更换新的油液。

（6）打开电动机控制箱盖，检查各电器组件的损坏情况，以及电动机绕组对地绝缘电阻。

（7）对对口接合面进行防锈处理。

（8）检修防滑、制动装置，更换磨损超限的闸块。

（9）组装好采煤机后应按规定程序进行牵引部、截割部的试验。

（10）按规定试验程序进行整机试验。

（三）采煤机的大修

在采煤机运转 2～3 年、产煤量 80～100 万 t 后，如果其主要部件磨损超限，整机性能普遍降低，并具备修复价值和条件的，可以进行以恢复性能为目的的整机大修。采煤机的大修应在有能力的机修厂进行。

（1）将整机全部解体，按部件清洗检查，编制可用件与补制件明细表及大修方案，制订制造和采购计划。

（2）主油泵、补油泵、辅助泵、马达、阀、软管、仪表接头、摩擦片、轴承、密封等都应更换新件。

（3）所有护板、箱体、滚筒、摇臂，凡损坏之处都要进行修复，达到完好标准。

（4）各油室应清洗干净，加注合格的油液。

（5）紧固所有的连接螺栓。

（6）各主要部件装配完成后，按试验程序单独实验后，方可进行组装。

（7）对电动机的各部电控组件逐一检查，关键器件必须更换。

（8）组装后按整机试验要求及程序进行试验，其主要技术性能指标不得低于出厂标准。

第三部分 采煤机司机中级工专业知识和技能要求

第六章 中级工专业知识

第一节 采煤机的工作原理

采煤机是用于实现回采工作面落煤和装煤过程的机械。目前,世界各国研制开发采煤机的类型较多,本章主要介绍常用的滚筒式采煤机、连续式采煤机和刨煤机。

一、滚筒式采煤机的主要组成部分

滚筒式采煤机适用于长壁和短壁采煤工作面,可用来开采各种硬度和厚度的煤层。按照采煤机的牵引传动方式可分为液压牵引滚筒式采煤机和电牵引滚筒式采煤机。

（一）液压牵引滚筒式采煤机的主要组成部分

液压牵引双滚筒采煤机由截割部、牵引部、电气系统和辅助装置4大部分组成,如图6-1所示。

1. 截割部

截割部的主要作用是将电动机的动力传递给滚筒,由滚筒将煤壁上的煤截割下来,并装入工作面输送机中。截割部由截割部固定减速箱4、摇臂5、滚筒6、弧形挡煤板7、摇臂调高液压缸10等组成。

2. 牵引部

牵引部利用电动机的动力牵引使采煤机沿工作面全长移动,它由牵引机构和传动装置组成。在牵引部2内装有液压传动系统和机械传动系统。减速箱出轴驱动链轮转动,牵引链沿工作面全长张紧。通过链轮和牵引链的啮合,迫使采煤机沿工作面移动。

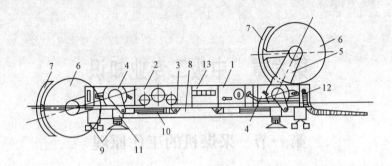

图 6-1　双滚筒液压采煤机的组成

1——电动机;2——牵引部;3——牵引链;4——截割部减速箱;5——摇臂;
6——滚筒;7——弧形挡煤板;8——底托架;9——滑靴;10——摇臂调高液压缸;
11——机身调斜液压缸;12——电缆拖拽装置;13——电气控制箱

3.电气系统

电气系统给采煤机提供多种控制和保护,其中,电动机给采煤机提供动力源。

4.辅助装置

辅助装置是保证采煤机工作更加可靠、性能更加完善的一些装置。如底托架 8、滑靴 9、机身调斜液压缸 11、摇臂调高液压缸10、电缆拖拽装置 12 等。

(二)电牵引滚筒式采煤机的主要组成部分

目前,采煤机大都采用三相交流感应电动机作为动作装置,牵引部与截割部共用一台电机,而电牵引采煤机的牵引部电机是单独设置的。根据调速方式不同,电牵引采煤机又分为直流调速和交流调速两种类型。前者利用可控硅整流提供直流电源,后者则是利用专门的变频装置改变输入电机电流的频率,以实现电机调速。

MGTY300/700-1.1D电牵引滚筒式采煤机的构造如图 6-2 所示。

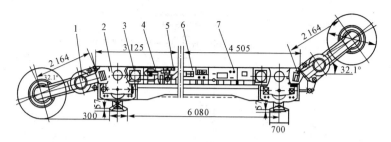

图 6-2　MGTY300/700-1.1D 型电牵引滚筒式采煤机的组成

1——截割部电机;2——摇臂;3——右行走部;

4——泵站;5——直流拖动的牵引部;6——电气部;7——底托架

1. 电牵引滚筒式采煤机的结构特点

MGTY300/700-1.1D 型采煤机牵引部由 40 kW 的交流电机驱动,另外,左右截割部各由一台 300 kW 的交流电机驱动。该牵引部装有机载式交流变频无级调速系统。根据截割部电机和牵引部电机的负荷自动调节牵引速度,使截割部电机在接近额定功率下运转,以保证采煤机能发挥其最大效率,并有效地防止采煤机过载。

截割部电机出轴直接接到摇臂上,取消了截割部减速箱,缩短了机身长度,减轻了机器的重量。

2. 电牵引滚筒式采煤机的传动系统

MGTY300/700-1.1D 型电牵引滚筒式采煤机截割部传动系统如图 6-3 所示。电动机直接驱动摇臂的齿轮,通过二级直齿齿轮和一级行星齿轮传动滚动滚筒。主电动机布置方式由传统的集中纵向布置,改为分散两端布置,使传动系统中省去一对圆锥齿轮。

图 6-3 中 Z_1 代表通过二级直齿齿轮和一级行星齿轮传动滚动滚筒。主电动机布置方式由传统的集中纵向布置改为分散两端布置,使传动系统中省去一对圆锥齿轮。

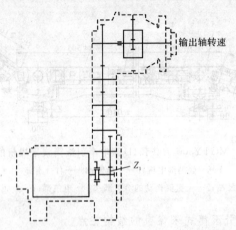

输出轴转速

Z_1

图 6-3　MGTY300/700-1.1D 型电牵引滚筒式采煤机截割部传动系统图

二、采煤机的类型

（一）滚筒式采煤机

1. 按滚筒个数分类

（1）单滚筒采煤机，由于只有一个工作滚筒，故采煤机结构简单、重量轻。单滚筒采煤机往返运行一次，只能完成一个工作循环。此类采煤机适用于在煤层厚度变化不大的条件下使用。

（2）双滚筒采煤机，双滚筒采煤机机身两端各有一个工作滚筒，故调高范围大，适应性强，效率高，可在大部分煤层地质条件下工作。

2. 按牵引机构分类

（1）链牵引采煤机。该类采煤机牵引力不足，仅适应于缓倾斜煤层使用。

（2）无链牵引采煤机。该类采煤机结构简单、维护及检修方便，牵引力大，制动能力强，且安全性能好，适用于缓倾斜和大倾角的工作面使用。

3. 按牵引部传动及调速方式分类

(1) 机械牵引采煤机。该类采煤机采用机械传动,其优点是操作、维护、检修方便,适应性强。

(2) 液压牵引采煤机。该类采煤机控制、操作简便、可靠,调速性能好,具有多种功能,适应性强。

(3) 电牵引采煤机。该类采煤机控制、操作简单,传动效率高,适用于各种地质条件。

(二) 连续式采煤机

连续式采煤机是房柱式采煤法的主要回采设备。这类设备主要在美国、南非、澳大利亚、印度等国使用。目前,我国有些矿区已开始使用。

(1) 按滚筒轴向机身推进方向的关系,分为横滚筒和纵滚筒两类,以横滚筒居多。

(2) 按开采煤层厚度分为薄煤层系列和中厚煤层系列。薄煤层系列采高为 0.8~1.2 m;中厚煤层系列采高为 1.3~3.0 m 和 1.5~3.7 m。

(三) 刨煤机

刨煤机是采用刨削法落煤的采煤机械,它与工作面输送机组成具有落煤、装煤和运煤功能的机组。按刨削方式可分为静力刨煤机和动力刨煤机两类。静力刨煤机根据其结构不同又分为拖钩刨煤机、滑行刨煤机、刮斗刨煤机等。

三、采煤机的电气控制系统及电气保护系统

(一) 采煤机的电气控制系统

采煤机电气控制系统的各种操作和保护功能都是通过采煤机电气部分以不同的电气控制方式和保护方式实现的。

1. 采煤机的电气控制功能

采煤机电气控制包括采煤机和输送机的电源控制、采煤机的工况控制、采煤机恒功率控制等内容。性能简单的小型采煤机一

般不设工况控制。采煤机电源控制包括采煤机的启动和停止两个控制。采煤机只设一个启动点(双电动机采煤机也一样),停机可多点进行。采煤机还须设输送机停机控制。采煤机工况控制指采煤机向左(牵引)、向右(牵引)、左(滚筒)升、左(滚筒)降、右(滚筒)升、右(滚筒)降等六种。液压牵引采煤机的上述工况控制是通过控制电磁阀电源由液压系统实现的。电牵引采煤机左、右牵引还有牵引速度控制,由牵引电动机的调速系统直接控制电动机的转向和转速来实现。

2. 采煤机的电气控制方式

按实现电气控制的方法分类,采煤机电气控制方式如表 6-1所示。采煤机可以采用其中一种或几种控制方式来控制采煤机的运行。

表 6-1　　　　　　　　　采煤机的电气控制方式

控制名称	控制原理
载波控制	通过动力电缆主芯线,以载波方式传送控制信号
芯线控制	通过动力电缆控制芯线传送控制信号
手动控制	利用采煤机控制按钮控制工况
无线电遥控	用无线电遥控设备在距采煤机一定的距离内控制采煤机
平巷控制	在控制台通过电缆芯线用载波方式传送指令控制采煤机

(二) 采煤机的电气保护系统

1. 电气保护是电气系统对采煤机实施的保护

电气保护的目的:一是提前报警,避免故障发生;二是防止故障扩大,及时切断采煤机电源。保护方法是把保护继电器接点串入采煤机控制回路,发生故障时能及时切断采煤机电源。

(1) 热保护

电动机热保护是指防止电动机温升过高烧坏绝缘而设置的保护。常用的方法有测电动机冷却水水温和测电动机定子绕组端部温度两种。

（2）失压保护

失压保护是指液压系统辅助油路压力低于规定值时执行的保护。压力继电器用作传感组件。失压信号一般为一开关量，既可直接串入控制回路，也可经保护电路转换后执行保护。

（3）超速保护

超速保护是指采煤机牵引速度超过规定值时执行的保护。超速保护还可对因牵引失控而下滑的机器进行保护，也可对牵引机构机械故障引起的"超速"进行保护。

（4）差速保护

差速保护是指采煤机速度传感器测得的速度值之差大于规定值时进行的保护。

（5）牵引过零抱闸保护

牵引过零抱闸保护是指采煤机牵引把手在零位时执行的保护。采煤机启动后还未牵引和牵引中减速到零位时均属保护条件。保护执行时，控制电源使其失电，制动器抱闸，采煤机停于原地，以防止下滑。

2. MG300/700-AWD 采煤机具有的保护

（1）截割电机恒功率自动控制

用 2 个电流互感器分别检测左、右截割电机的单相电流，将截割电流信号转变为 4～20 mA 的信号送入 PLC 进行比较，得到欠载、超载信号。当两台电机都欠载（≤90％）时，发出加速信号，牵引速度增加（最大至给定速度）；当任一台电机超载（≥110％）时，发出减速信号，牵引速度自动减小，直到退出超载区域。

（2）采煤机过零保护

当采煤机已在左牵引时，按下"右牵"按钮，此时采煤机将会减速；如果一直按下"右牵"按钮，则采煤机速度将会减小到零速。但是采煤机到零速后不会继续向右牵引，只有松开"牵停"按钮重新选择"左牵"或"右牵",采煤机才会沿着所选的方向行走,反之亦然。

(3)截割电机温度保护

在左、右截割电机绕组内埋有温度接点,将其串在启动回路中,当任意一台电机的温度超过155 ℃时,接点断开,从而断开启动回路,使采煤机整机断电。同时左、右截割电机绕组内埋有热电阻,热电阻值直接接入 PLC 模块,当任意一台电机温度达135 ℃时,牵引速度降低30%运行,达到155 ℃时,PLC 输出信号将采煤机控制回路切断,使整机停电。

(4)瓦斯保护

当采煤机工作环境中瓦斯浓度超限时,瓦斯断电仪将报警并动作,将瓦斯断电仪接点接于 PLC 中,控制启动回路自保接点,浓度超限时整机断电。

(5)牵引电机电流保护

当左、右牵引电机电流小于90%I_e时,牵引可以加速;当90%I_e≤I≤100%I_e时,牵引恒速运行;当 I≥100%I_e时,牵引减速运行;当 I≥120%I_e时,变频器停止输出,采煤机停止牵引。

(6)牵引电机和电控箱水流量保护(预留)

采煤机水路系统有一个流量计,监测牵引电机和截割电机的水流量。当水流量不够时,采煤机将不能牵引或停止牵引。

(7)牵引电机和电控箱水压保护(预留)

当水压过大时,采煤机将不能牵引或停止牵引,同时,截割电机不能运行或停止运行。

(8)牵引变压器温度保护

牵引变压器三相绕组内各埋一个160 ℃的温度接点,三相串联,中间一相内埋有一个 Pt100 电阻,当变压器温度超过160 ℃时,不允许牵引或者停止牵引。

(9)变频器故障保护

变频器的保护有:接地保护、过压保护、欠载保护、供电电源缺相保护、变频器输出短路保护,以及变频器对牵引电机的缺相保护、堵转保护和过流保护。当启动采煤机后,变频器带电,此时若两个变频器中任意一个有故障,则不允许牵引,同样在牵引的过程中,两个变频器中无论哪个有故障,则停止牵引。

四、截齿截煤的基本规律

1. 煤(岩)的机械特性

煤和岩石是各向异性的、非均质的、非连贯的脆性物质,而且构造十分复杂。影响煤(岩)破碎的基本因素不但有煤岩的机械性质,还有煤(岩)的抗压、抗剪、抗拉等常规的机械性能。因此,必须确立一些与采煤机截齿截割煤(岩)相适应的指标,作为反映煤(岩)抵抗机械截割的机械特性。

(1)坚硬度

坚硬度表示煤(岩)在外力作用下破碎的难易程度。我国用坚硬度进行煤层分类、顶板分级和岩石分类。英国的冲击强度指数,美国的岩石强度系数和日本的可碎性指标等与坚硬度的原理是相同的。

(2)截割阻抗

单位切屑厚度所对应的截割阻力称截割阻抗,即:

$$A = \frac{Z}{h} \qquad (6\text{-}1)$$

式中 A ——截割阻抗,N/mm;

Z ——截割阻力,N;

h ——刀具进入煤壁的深度(切削厚度),mm。

(3)煤(岩)的磨蚀性

煤(岩)磨损金属的能力称为煤(岩)的磨蚀性。在相同截割条件下,磨蚀性越强的煤(岩)对刀具磨损越强烈,截割阻力越大,机器工作效率就越低。其标定方法是用标准试棒以规定压力,压在完全符合煤(岩)层构造成分的旋转试样上,测得的试棒磨损长度与摩擦路程之比为磨蚀性系数,用 ρ 表示,其单位为 mm/m。

2. 截齿截煤过程

在截齿工作时,被破碎矿体的压力将传递给截齿的各个刃面(图 6-4),即:N_a 为作用在前刃面上的作用力;N_c 为作用在后刃面上的作用力;N_b 为作用在侧刃面上的作用力。

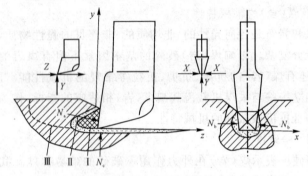

图 6-4　截齿受力和破落的区域

这些力和作用在工作刃面上的摩擦力,合成为一个作用在截齿刀尖上的合力。该合力沿空间坐标系 x、y、z 轴线方向的各分量,分别称为截割力 Z、轴向力 Y(截齿在牵引方向上的切入力)和侧向力 X(或侧后牵引力)。我们感兴趣的是平均截割力 $Z_平$ 和平均牵引力 $Y_平$ 的大小及其性质的变化。

实际观察,在截齿前刃面作用下,煤(岩)发生破碎,同时产生大块的剥离。在刀尖开始接触煤(岩)的瞬间,刀尖接触范围内的煤(岩)产生弹性和塑性变形,随着接触应力增大,超过强度极限时,被压碎成很细的粉末形成密实核Ⅰ,该密实核由处于受压状态下的碎煤(岩)组成,且随着截割刀具的推进,密实核长大并集聚能量,截割阻力亦随之增大。密实核使前面一层煤(岩)Ⅱ区域受挤压,并使Ⅲ区域的部分产生弹性变形。由于密实核周围矿体形成应力状态区,实际上起着改变截齿刀头几何形状的作用。当截齿刀尖的接触应力增强到极限值时,密实核前的Ⅰ、Ⅱ、Ⅲ区域的粉尘高速喷出,带动小块剥落。同时密实核起着尖劈作用。随着粉尘喷出,密实核体积减小,阻力降低,刀齿又推进。上述现象反复出现,同时剪应力不断扩大,裂缝方向与剪应力方向一致,并在拉应力为主的方向上扩展裂缝。在Ⅲ区域边界,裂缝扩展速度比截割速度快得多。当裂缝扩展到表面时,将产生较大的碎块与煤体分离,同时释放聚集的能量,碎块以较高的速度从截齿表面飞出,此时,截割阻力大大下降甚至到零。由此可见,截割阻力呈锯齿状变化,截齿截煤过程是煤体形成密实核、裂缝和碎块的过程,也可以说是形成小碎块至大碎块的过程。

3. 截齿截割的基本参数

(1)切屑厚度

切屑厚度即单个刀齿切入煤体的深度。切屑厚度直接影响截齿前刀面截割煤体的面积和密实核的大小,截割阻力与切屑厚宽成正比。对于滚筒采煤机,切屑厚度按月牙形在 $0 \sim h_{\max}$ 之间变化。

最大厚度可按式(6-2)计算:

$$h_{\max} = \frac{v_q}{nm} \times 10^2 \qquad (6\text{-}2)$$

式中　$h_{\max}$——最大切削厚度,m;

　　　　v_q——牵引速度,m/min;

　　　　m——同一割线上安装的刀具数,个;

　　　　n——滚筒转速,r/min。

刀具的平均切屑厚度可用月牙形面积和截割长度之比求得:

$$h_p = \frac{63.7 v_q}{nm} \qquad (6\text{-}3)$$

(2)截线距

两条相邻平行截线间的距离称为截线距,用 t 表示。显然,稳定工况下的切屑断面积 S 是截线距和切屑厚度之乘积。截线距大小不但影响切屑断面积，而且影响截槽的形状。

（3）截割速度

截割速度即滚筒旋转时截齿齿尖的线速度。

$$v_p = \frac{n(D_滚 + 2h_齿)}{60} \times 10^{-3} \tag{6-4}$$

式中　v_p——截割速度，m/s；

　　　$D_滚$——滚筒齿座处直径，mm；

　　　$h_齿$——截齿外伸的高度，mm；

　　　n——滚筒的转速，r/min。

4. 截齿消耗率

$$Z_耗 = \frac{W}{G} \tag{6-5}$$

式中　W——采煤机消耗截齿数，个；

　　　G——采煤机所采煤的质量，kt。

5. 截割比能耗

$$H = \frac{W}{V} \tag{6-6}$$

式中　W——截割煤时的功，kW·h；

　　　V——被截割煤的体积，m³。

第二节　综采工作面回采工艺对采煤机的要求

一、综采工作面回采工艺

滚筒采煤机沿工作面割完一刀后，需要重新将滚筒切入煤壁，推进一个截深，这一过程称为"进刀"。采煤机的截割工序和其他工序的配合关系称为采煤机的截割方式。

（一）单向采煤

单向采煤即采煤机沿工作面往返一次进一刀。当煤层厚度和滚筒直径相近时,采煤机可上行割煤,下行装煤、移溜和支护;煤层厚度较大时,采煤机可上行割顶煤,下行割底煤和清浮煤。采煤机也可采取工作面中部"∞"字形截煤方式,即采煤机由中部进刀向两端移动时割顶煤,而由两端向中部移动时割底煤和清浮煤。单向采煤法一般是单滚筒采煤机的截割方式。

（二）双向采煤

双滚筒采煤机沿工作面往返截割两刀（即穿梭割煤）称为双向采煤。双向采煤的进刀方式有正切法进刀和斜切法进刀两种。正切进刀要求滚筒端盘有截齿,采用门式挡煤板,进刀时打开挡煤板,利用推溜千斤顶,把输送机和滚筒端盘推向煤壁,旋转的滚筒在端部截齿作用下切入煤壁。这种方法使采煤机机身受到横向反力很大,机器的横向稳定性差,滚筒强度要求高,因而没有得到推广。斜切法进刀又分为端部斜切法和中部切法（半工作面法）。

二、机械化采煤对采煤机的要求

（一）功能方面

采煤机要适应底板起伏不平的变化,同时要适应所开采煤层的物理性质,根据煤的硬度和含矸量的变化,牵引机构能在工作过程中进行调速,以充分发挥机器的效能。采煤机的体积尺寸要小,并可拆成几个独立的部件,便于运输和检修。

（二）生产率方面

采煤机的生产能力应与矿井井型、采区及工作面条件相适应,具有较高的生产率。

（三）安全与环境保护

采煤机所有电气设备应能防爆,可使用在有煤尘和瓦斯爆炸的煤层。各部分要有良好的防潮、防尘密封。为了确保安全生产,采煤机应具备防止过载和下滑的保护装置,且保护装置操纵应集中、简单。

（四）可靠性方面

由于井下维修困难，采煤机可靠性的高低会对工作面甚至矿井的产量产生直接影响，因而对采煤机有较高的使用可靠性。常用无故障运行时间和牵引里程来衡量采煤机的可靠性。根据目前水平，要求采煤机无故障运行 1 000 h 和牵引 30 万 m 不开盖检修。

第七章　中级工技能要求

第一节　采煤机的安装与调试

采煤机的安装与调试是综采工作面生产环节组织的一个重要方面。采煤机的安装与调试应满足"快速安装、保证质量、安全施工、降低成本"的要求,所以应先在地面对综采设备进行安装验收和试运转,在安装施工组织设计、组织准备、井巷准备、设备装备、装车准备和安装准备等 6 项准备工作完毕后,方可进入井下安装。

一、采煤机的井上验收

生产矿井初次投入使用和大修后投入使用的采煤机按规定都应在井上先进行验收和试运转,在符合有关试验规范或检修质量标准以及技术文件和规定后,方准下井安装。

（一）采煤机的验收

1. 采煤机的验收内容

（1）列出采煤机各部件名称及数量,检查各部件是否完整。

（2）根据采煤机的技术文件,检查各部件是否符合要求。

2. 地面检查的内容

（1）采煤机零部件是否齐全、完好。

（2）运动部件的动作是否灵活、可靠和平稳。

（3）手把位置是否正确,操作是否灵活、可靠。

（4）电气系统的绝缘及防爆性能是否符合要求。

（5）各箱体腔室内有无杂物。

（6）外部管路连接是否正确，各接头处以及其他连接处（接合面）是否有漏水、漏油现象。

（二）采煤机的试运转

（1）地面试运行一般不少于 30 min 的整机加载运行。

（2）操作各部手把，检查按钮是否灵活、可靠。

（3）检查配套的刮板输送机、液压支架、转载机等的配套性能和配套尺寸是否符合要求。

（4）进行采煤机电气部分的动作试验，检验各按钮、开关的动作是否符合要求，各防爆部件及电缆引进口是否符合要求。

（5）进行采煤机械部分动作试验。检查各手把、旋钮的动作是否灵活、可靠，对底托架、滑靴、滚筒、行走机构等进行外观查。

（6）进行牵引部性能试验，主要包括空载跑合试验、分级加载实验、正转和反转压力过载实验，以及牵引速度零位和正反向最大速度的测定。

（7）进行截割部性能试验，包括空载跑合试验和分级加载试验。

二、采煤机的运输

1. 采煤机入井注意事项

采煤机的入井和运输应按《综采设备提升运输、安装、拆除技术安全注意事项》中的规定进行。

入井前应点清设备及其部件的数量、尺寸、重量，核实提升、运输设备的能力，巷道断面、电机车架空线高度，巷道坡度、弯曲半径等，以决定设备是否需要解体。

为了便于采煤机井下安装，如提升、运输条件许可，可尽量采用整体运输，至少应使采煤机电动机和牵引部、截割部减速箱以及摇臂一起运输。必要时，也可分部件运输。

在入井以前，应根据工作面方向及机器的安装顺序，在井上安排好各部件的装车次序和方位,以免在井下作不必要的调头。

2. 采煤机井下运输注意事项

零部件装车时要注意重心,保证加工面及手把、按钮不受撞碰和摩擦,捆绑要牢靠。

装车顺序由现场安装地点和井下运输条件来确定。进入安装地点的零部件先后顺序一般是后滚筒、右摇臂、右截割部的减速箱、底托架、牵引部、电动机、左截割割部减速箱、左摇臂、前滚筒和护板等。装车的排列顺序十分重要,所以一般是未装底托架之前,先把后滚筒、右摇臂拉过一定的距离之后,再装底托架,这样可以给安装带来一定的方便。

三、采煤机的安装

1. 采煤机安装的准备工作

采煤机的安装准备分为现场准备和工具准备两个方面。

（1）现场准备

① 开好机窝。一般机窝在工作面上端头运输道口,长度为 15～20 m,深度不小于 1.5 m。

② 确定工作面端部的支护方式,并维护好顶板。

③ 在对准机窝运输道上帮硐室中装 1 台 14 t 回柱绞车（或更大些）,在机窝上方的适当位置固定 1 个吊装机组部件的滑轮。

（2）工具准备

① 撬棍:3～4 根,长度 0.8～1.2 m。

② 绳套:直径为 12.5 mm、16 mm、18.5 mm,长度视工作面安装地点和条件而定。一般可准备 1～1.5 m 长的绳套 3 根,2～3 m 长的绳套 3 根,0.5 m 的短绳若干根。

③ 万能套管:用于紧固各部螺栓（钉）。

④ 活扳手和专用扳手。

⑤ 一般可准备 5～8 t 的液压千斤顶 2～3 台。

⑥ 其他工具:如手锤、扁铲、砂布、锉刀、常用手钳、螺丝刀以

及小活扳手等。

⑦ 手动起吊葫芦:2.5 t 和 5 t 各 2 台。

2. 安装的程序

(1) 有底托架采煤机的安装程序

有底托架采煤机的安装程序一般是:在刮板输送机上先安装底托架,然后在底托架上组装牵引部、电动机、电控箱、左右截割部,连接调高调斜千斤顶、油管、水管、电缆等附属装置,再安装滚筒和挡煤板,最后铺设和张紧牵引链,接通电源和水管等。

(2) 无底托架采煤机的安装程序

无底托架采煤机的安装程序一般是:

第一步,把完整的右(或左)截割部(不带滚筒和挡煤板)安装在刮板输送机上,并用木柱将其稳住,把滑行装置固定在刮板输送机导向管上。

第二步,把牵引部和电动机的组合件置于右截割部组合面,用螺栓联接。

第三步,固定滑行装置,将油管和水管与千斤顶有关部位接通。

第四步,将 2 个滚筒分别固定在左右摇臂,装上挡煤板,铺设牵引链并锚固张紧,再接通电源、水源等。

3. 安装要求

(1) 安装采煤机的注意事项

① 安装前必须有技术措施,并认真执行。

② 准备现场条件和工具,准备不充分不许安装。

③ 零部件安装要齐全,不合格的不安装,保证安装质量。

④ 碰伤的接合面必须进行修理,修理合格后方能安装,以防止运转时漏油。

⑤ 安装销、轴时,要将其清洗干净,并涂一层油;严禁在不对中时用工具敲打,防止敲坏零部件。

⑥ 在对装花键时,一要清洗干净,二要对准槽,三要平稳地拉紧。

⑦ 要保护好电器元件和操作手把、按钮,避免损坏;结合面要清洗干净,确无问题后再带滚筒试车。

⑧ 在起吊时,顶板、棚梁不牢固不能起吊。起吊时要直起吊,不允许斜拉棚梁,以免拉倒而砸伤人员和设备。

⑨ 安装后要先检查后试车。试车时必须把滚筒处的杂物清除干净,确无问题后再试车。

(2) 采煤机安装质量要求

零部件完整无损,螺栓齐全并紧固,手把和按钮动作灵活、位置正确,电动机与牵引部及截割部的连接螺栓牢固,滚筒及挡板的螺钉(栓)齐全,紧固试验合格,工作可靠安全。

四、采煤机整机试验

1. 操作试验

操作各操作手把、控制按钮,动作应灵活、准确、可靠,仪表显示正确。

2. 整机空运转试验

牵引部手把放在最大牵引速度位置,合上截割部离合器手把,进行 2 h 原地整机空运转试验。其中:滚筒调到最高位置,牵引部正向牵引运转 1 h;滚筒调至最低位置,牵引部反向牵引运转 1 h。同时应满足如下要求:运行正常,无异常噪音和振动,无异常温升,并测定滚筒转速和最大牵引速度;所有管路系统和各结合面密封处无渗漏现象,紧固件不松动;测定空载电动机功率和液压系统压力。

3. 调高系统试验

操作调高手把,使摇臂升降,要求速度平稳,测量由最低位置到最高位置及由最高位置到最低位置所需要的时间和液压系统压力,其最大采高和卧底量应符合设计要求。最后将摇臂停在近水平位置,持续 16 h 后,其下降量不得大于 25 mm。

第二节　采煤机的安全操作和
常见故障的分析与处理

一、采煤机司机安全操作和维护采煤机时的注意事项

采煤机司机在操作、维护采煤机时应注意以下事项:

(1) 未经专门培训或按规定未取得《特种作业人员安全资格证书》(IC 卡)的人员不得上岗开机。

(2) 应严格执行三大规程、岗位责任制、现场交接班制度及维护保养制度。

(3) 无喷雾冷却水或水的流量、压力达不到《煤矿安全规程》规定时不准开机。

(4) 刮板输送机未正常启动运行时不得开机。

(5) 按规定在采煤机上必须设置的机载式甲烷断电仪或便携式甲烷检测报警仪所指示的甲烷浓度大于或等于 1.0% 时不得开机(其报警浓度为 $\geqslant 1.0\% CH_4$,断电浓度为 $\geqslant 1.5\% CH_4$,复电浓度为 $\leqslant 1.0\% CH_4$)。

(6) 开机前要先喊话,并发出相应的预警信号,仔细观察机器周围的情况,确认无不安全的因素时方可开机。

(7) 点动电动机,在其即将停止转动时操作截割部离合器。

(8) 禁止带负荷启动或频繁点动开机。

(9) 截割滚筒上的截齿、喷嘴应无短缺和失效。

(10) 采煤机在割煤过程中,要注意割直、割平并严格控制采高,防止工作面出现过度弯曲或顶板出现台阶式状况,注意防止割支架顶梁或输送机铲煤板。

(11) 工作面遇有坚硬夹石或硫化铁夹层时应放震动炮处理,

不能用采煤机强行截割。

（12）采煤机运行时，应随时注意电缆和水管拖移情况，以防损坏或掉道。

（13）主机发出异常声响、过热以及机器发生严重振动时，必须立即停机检查，待处理好后方可继续开机。

（14）采煤机停机时，应先停牵引，再停止电动机。

（15）除紧急情况外，不允许在停止牵引前用停止按钮、隔离开关、断路器或紧急停止按钮来直接停止电动机。

（16）在采煤机工作过程中，防滑装置应可靠。不应在防滑装置失灵的情况下继续开动机器。

（17）需要较长时间停机时，应先让输送机运完中部槽中的煤后，再按顺序停电动机，再断开隔离开关，脱开离合器，切断磁力启动器隔离开关，然后闭锁输送机。

（18）检修滚筒或更换截齿时，应切断电动机电源、断开截割部离合器和隔离开关。并闭锁刮板输送机，让滚筒在适宜的高度上用手转动滚筒检查或更换截齿。

（19）翻转挡煤板时要正确操作，以防损坏挡煤板。

（20）工作面瓦斯、煤尘超限时，应立即停止割煤，并按规定停电，撤出人员。

在长期生产实践中，采煤机司机在维护操作方面积累了丰富的经验，总结出"十字"要诀，即"平、直、匀、净、严、准、细、紧、勤、精"。具体内容是：顶、底板要割平；煤壁要割直；采煤机牵引速度要均匀；落煤要尽量装净；执行规定、规程、制度要严格；操作动作要准确；检查要仔细；时间要抓紧；要勤于检查维护；保养要精心。

二、采煤机的操作程序

采煤机操作程序的正确能保证设备安全运行、降低事故和提高生产率。因此，作为一名采煤机司机，必须掌握所用设备的操作程序。

（一）开机前的准备

采煤机司机在开机前必须做认真仔细地检查和试运转，以便发现问题并及时处理，确保安全。

1. 检查工作面情况

检查顶、底板的起伏变化，液压支架的接顶状态；观察煤层的变化情况，查看煤层高度是否发生变化，有无夹矸，煤质硬度，以及煤壁是否有片帮等状况；查看支架的护帮板及侧护板是否完好；注意检查采煤机周围有无障碍、杂物和人员。

2. 检查设备

检查控制手把、按钮与安全设施是否灵敏、可靠、准确、齐全；各部润滑油位是否符合要求，连接体是否齐全、紧固；截齿是否齐全、锋利；喷嘴、水管是否固定可靠；电缆及电缆拖移装置是否可靠，电缆槽内是否有煤块或矸石；供水压力、流量是否符合要求；工作面信号系统是否正常。发现问题应及时处理好。

3. 检查试运转

每班开始工作之前，应脱开滚筒和牵引链轮，在停止供冷却水的情况下空运转 10～15 min，使油温升至 40 ℃左右以后再正常开机。在空运转及正常开机时，注意观察牵引部及各部状况，倾听运转声音；查看各指示用压力表指示值是否正常；观察冷却喷雾系统的水压、流量是否正常；液压系统及冷却喷雾系统是否有渗漏，喷雾雾化效果是否良好。

各项检查工作结束后，方可发出预警信号，准备开机。

（二）运行操作

（1）检查工作结束后，发出信号通知运输系统操作人员由外向里按顺序逐台启动输送机。

（2）待刮板输送机正常启动运转后，方可按下列顺序启动采煤机：

① 合上电动机隔离开关；

②点动启动按钮,待电动机即将停止转动时,合上截割部离合器(切记截割部离合器不能在电动机高速运转时接合,否则会打掉齿轮离合器的牙齿);

③开动喷雾泵,供给冷却喷雾用水;

④发出采煤机启动运行预警信号,并注意机器周围有无人员及障碍物;

⑤按动启动按钮,观察滚筒转向是否正确;

⑥操作调高手柄或按钮,把滚筒调至所需的高度。

(3)根据顶、底板及煤层构造情况确定一个初始牵引速度,采煤机牵引速度要由小到大逐渐增加,不许猛增(也就是常说的牵引速度要均匀)。

(4)顶、底板不好时要先采取措施,不得强行截割,也不准甩下不管。对夹矸、断层空巷等要提前处理好。

(5)随时注意采煤机各部的温度、压力、声音、振动等状况,发现异常情况要及时停机检查并处理好,否则不得继续开机。

(6)大块煤、矸石及其他物料不得进入采煤机底托架内,以防卡住或堵塞过煤空间,或造成采煤机脱轨落道。

(7)电缆、水管不得受拉、受挤,不得拖在电缆槽或电缆车外。

(8)不得在电动机开动运行时,操纵截割离合器。

(9)运转过程中,随时观察冷却喷雾水压、流量、雾化情况是否符合规定要求,若不符合规定,应停机检查处理。

(10)不允许频繁启动采煤机的电动机。

(11)停机时,坚持先停牵引后停电动机。无异常紧急情况,不允许在运行中直接用停电动机的方式停机,更不准用紧急停机手柄(或按钮)直接停机。

采煤机在运行时,司机要做到眼明、手快,精力集中,反映灵活,操作正确。司机随机操作时既要安全操作机器,又要注意其自身的安全。严禁滚筒截割支架顶梁、护帮板、金属网及输送机铲煤板,否则不仅会损坏截齿,更有可能产生截割火花而引发瓦斯、煤尘爆炸事故。当工作面或滚筒附近瓦斯浓度超限时应立即停机,切断电源并进行汇报和处理。除采用无线电遥控外,司机必须跟机操作,手不能离操作手柄或按钮过远。

（三）停机操作

停机分正常停机和紧急停机两种情况。

正常停机的操作原则是先停牵引、后停电动机,其操作顺序如下:

（1）将牵引调速手把打到零位(或将开关阀手把打回零位、电动机恒功率开关回零位),停止牵引。

（2）待截割滚筒内余煤排净后,用停止按钮停止电动机。

（3）当采煤机较长时间停车或司机远离采煤机时,应将换向隔离开关置于零位,切断电源,打开截割离合器,关闭冷却喷雾水阀门,停止供水,并将两滚筒放到底板上,以便摇臂内各部的润滑油流动。

出现下列情况之一时,方可操作急停开关或停止按钮:

（1）当采煤机负荷过大,电动机被憋住(闷车)时;

（2）采煤机附近片帮、冒顶严重,危及安全时;

（3）出现人身事故或重大事故时;

（4）采煤机本身发生异常,如内部发生异响、电缆拖拽装置出槽卡住、采煤机掉道、采煤机突然停止供水喷雾、采煤机失控等。

三、采煤机常见故障的分析与预防

采煤机是综采工作面的主要设备,由于井下作业环境的特殊性,以及对采煤机的维护、保养、操作等方面的人为能力不同,将会产生各种不可预料的故障。因此,预防和减少采煤机的故障,本身就是一个相应复杂的工作内容。采煤机司机及相关人员正确无误地判断故障和排除故障,对充分发挥采煤机的效能,提高安全生产的水平具有重要的意义。

（一）采煤机常见故障

采煤机的故障类型主要有三大类：一是液压传动部分的故障，二是机械传动部分的故障，三是电气控制部分的故障。其中，液压传动部分故障较多，占采煤机总故障的 80％以上。因此，在实际工作中，必须通过对故障征兆的分析判断，以及必要的检测和试验手段，才能正确地判断故障点。

（二）判断故障的程序和方法

采煤机司机在分析判断故障时，首先要对采煤机的结构、原理、性能及系统原理作全面了解，只有这样才能对液压故障作出正确的判断。

1. 判断故障的程序

（1）听：听取当班司机介绍发生故障前后的运行状态，尤其听取细微现象、故障征兆，必要和可能时，可开采煤机听其运转声响。

（2）摸：用手摸可能发生故障点的外壳，判断温度变化情况和振动情况。

（3）看：看液压系统有无渗漏，特别注意看主要的液压元件、接头密封处、配合面等是否有渗漏现象。查看运行日志记录和维修记录，查看各种系统图，看清采煤机运转时各仪表的指示读数值的变化情况。

（4）量：通过仪表、仪器测量绝缘电阻以及冷却水压力、流量和温度；检查液压系统中高、低压实际变化情况，油质污染情况；测量各安全阀、背压阀及各种保护装置的主要整定值等是否正常。

（5）分析：根据以上程序进行科学的综合分析，排除不可能发生故障的原因，准确地找出故障的原因和故障点，提出可行的处理方案，尽快排除故障。

2. 判断故障的方法

为了准确及时地判断故障，查找到故障点，必须了解故障的现象和发生过程。其判断的方法是：先外部，后内部；先电气，后机械；先机械，后液压；先部件，后元件。

（1）先划清部位。首先判断是哪类故障，对应于采煤机的哪个部位，弄清故障部位与其他部位之间的关系。

（2）从部件到元件。确定部件后，再根据故障的现象和前述的程序查找到具体元件，即故障点。

3. 采煤机故障处理的一般步骤与原则

采煤机故障处理的一般步骤：

（1）首先了解故障的现象及发生过程，尤其要注意了解故障的细微现象。

（2）分析引起故障的可能原因。

（3）做好排除故障的准备工作。

处理故障的一般原则是：先简单后复杂，先外部后内部，先机械后液压。

4. 处理采煤机故障时应注意的事项

在井下工作面处理采煤机的故障是一项十分复杂的工作，既要及时处理好故障，又要时刻注意安全，所以在处理故障时应注意下列事项：

（1）排除故障时，必须先检查处理好顶板、煤壁的支护状态；断开电动机的电源，打开隔离开关和离合器，闭锁刮板输送机；接通采煤机机身外的照明，将防滑、制动装置处于工作状态；将机器周围清理干净，机器上方挂好篷布，防止碎石掉入油池中或冒顶、片帮伤人。

（2）判断故障要准确、彻底。

（3）更换元部件要合格。

（4）元件及管路的连接要严密牢固，无松动，不渗漏。

（5）元件内部要清洁，无杂质及细棉线等物。

（6）拆装的部位顺序要正确。

（7）处理完毕后，一定要清理现场，清点工具，检查机器中有无弃、异物,然后盖上盖板,注入新油并排气后再进行试运转。试运转合格后,检修人员方可离开现场。

（三）常见故障的分析与预防

分析采煤机液压系统故障时应该主要注意两个方面:

一是压力的变化情况。它主要表现为低压正常、高压降低,高压正常、低压下降和高压正常、低压上升三个方面。要理解高压随负载的增加而升高,低压应是恒定的,负载的增加或降低对低压应无影响。应注意渗漏和窜油两种情况。

二是要注意油液的污染情况。它可能使故障表现在油温升高、牵引部有异常声响、过滤器堵塞、液压系统泄漏和伺服机构动作迟缓等方面。

1. 采煤机单向牵引的原因及预防措施

（1）原因

① 伺服机构的单向阀油路或伺服阀回油路被堵塞卡死,回油路不通（节流孔不通）,造成采煤机无法换向。

② 伺服机构由伺服阀到单向阀或液压缸之间的油管有泄漏,造成采煤机不能换向。

③ 伺服机构调整不当,主液压泵摆角摆不过来（不能越过零位）,造成采煤机不能换向。

④ 电位器或电磁阀损坏,如断线或接触不良等,造成采煤机无法换向。

（2）预防措施

① 加强维护和保养,及时检查油质变化情况。

② 加强对过滤器的清洗。

③ 加强安装、调试工作的质量管理。

④ 认真做好设备的试运转。

2. 采煤机不牵引的原因与预防措施

（1）原因

① 液压油严重污染,使补油单向阀、梭形阀的阀座与阀芯之间可能有杂质。

② 主液压泵不能正常工作,渗漏量大。

③ 伺服机构失效。

④ 液压马达泄漏。

⑤ 主回路两主管路破裂或严重泄漏。

(2)预防措施

① 加强油质的管理。

② 按规定先做好主泵、液压马达的试验。

③ 加强调试和试运转工作的质量管理。

④ 不随意打开盖板及各孔堵。

⑤ 液压管路的爆炸压力试验要合格。

⑥ 不能将管路与其他物料相摩擦。

3. 引起液压牵引部异常声响的原因与预防措施

(1)原因

① 主油路系统缺油。

② 液压系统中混有空气。

③ 主油路系统有外泄漏。

④ 主液压泵或液压马达损坏。

(2)预防措施

① 随时注意检查液压油的油位。

② 注意注油、换油时,先用手压泵向系统充油排气,或将空运转时间适当延长。

③ 保持油液清洁,防止过滤器堵塞或吸油管吸空。

④ 安装管路要正确,及时检查松动的接头,更换的密封件要合格。

⑤ 保证液压泵、液压马达符合运转要求。

4．补油热交换系统低压过低的原因与预防措施

（1）原因

① 油箱油位太低或油液黏度过高，油质污染，产生吸空。

② 过滤器堵塞。

③ 背压阀整定值低，或因系统油液不清洁堵住了背压阀的主阀芯或先导孔。

④ 补油系统或主管回路漏损严重。

⑤ 补油泵低压安全阀损坏或整定值低。

⑥ 电动机反转。

⑦ 吸油管密封损坏，管路接头松动，管路漏气或油质黏度高。

⑧ 补油泵花键磨光或泵损坏。

（2）预防措施

① 按规定注入液压油，并注意油位不能太高或太低，防止泵吸空和油质被污染。

② 按维护、保养制度清洗或更换滤器滤芯。

③ 试运转时注意调稳背压阀和低压安全阀的整定值。

④ 认真检查补油系统、主回路系统无有漏损，接头是否松动。

⑤ 初次开机时注意检查电动机的转向是否正确。

⑥ 注意检查补油泵的花键轴或泵的转动状况。

5．牵引无力的原因及预防措施

（1）原因

① 主回路系统泄漏严重。

② 主泵或液压马达泄漏或损坏。

③ 制动装置不能完全松闸。

④ 系统的高压与低压相互串通。

（2）预防措施

① 坚持维护保养制度和检查制度。

② 避免主回路系统与其他物料接触或摩擦。

③ 检修时要特别注意对主泵、液压马达的维护,及时更换已损坏的零件,并严格试验。

④ 维护时注意油质变化,避免油质污染。

⑤ 高压安全阀要按规定进行整定的调试。

⑥ 试运转时要注意制动装置的工作状态、间隙、制动力矩是否符合要求。

6. 牵引速度慢的原因及预防措施

(1) 原因

① 调速机构发生故障,使调速时主泵摆角小。

② 主回路系统泵、液压马达出现渗漏或损坏,造成压力低、流量小。

③ 制动装置未松闸,牵引阻力大。

④ 低压控制压力偏低。

⑤ 行走机构轴承损坏严重或滑靴轮丢失。

(2) 预防措施

① 司机要随时注意控制压力的变化及行走机构的运行情况,发现问题时,不能带病运行,必须先处理后开机。

② 按规定更换不合格的零部件,并加强验收试验工作。

7. 液压牵引部过热的原因与预防措施

(1) 原因

① 冷却水量、水压不足或无冷却水。

② 冷却系统泄漏或堵塞。

③ 齿轮磨损超限,接触精度降低。

④ 轴、轴承等配合间隙不当。

⑤ 系统有外泄漏;油量过多或过少。

⑥ 油质不符合要求。

(2) 预防措施

① 严格油质管理制度,避免油质污染,及时更换已失效变质

的油液；油位要符合要求。

② 加强冷却系统的检查和维护，无水不得开机割煤。

③ 安装配合要符合要求，更换不合格的零部件。

④ 司机开机前加强检查，避免紧固件松动。

8. 滚筒不能调高或升降速度缓慢的原因与预防措施

（1）原因

① 调高泵损坏，泄漏量太大。

② 调高液压缸变形、活塞杆弯曲，或活塞腔与活塞杆腔窜液。

③ 安全阀损坏或调定压力太低。

④ 液压锁损坏。

⑤ 系统油路的接头处松动、密封失效或油管损坏。

（2）预防措施

① 做好调高泵、液压锁、安全阀的试验，保证合格。

② 避免油路接头松动，及时更换密封件，

③ 避免调高液压缸的碰砸。

第三节　采煤机的维护

采煤机性能的正常发挥，不仅取决于设计和制造质量，而且还取决于用户对机器的正常操作和日常的精心维护，否则再好的机器也难于保证在使用寿命期内的良好性能。

一、采煤机的维护与检修

维护与检修的内容包括："四检"〔班检、日检、周（旬）检、月检〕和强制性的定期"检修"（小修、中修、大修）。"四检"的重点是注油（油品、牌号必须符合规定，并经 100 目以上的滤网过滤），油质检查，滤油器的及时清洗、更换，紧固连接螺栓、截齿、外露水管、油管及电缆。

（一）小修

小修是指采煤机在工作面运行期间结合"四检"进行的强制性维修和临时性的故障处理（包括更换个别零部件和注油），以维持采煤机的正常运转和完好。小修周期为 1 个月。

（二）中修

中修是指采煤机采完一个工作面后，整机（至少牵引部）由使用矿进行定检和调试。中修除完成小修的内容外，还应完成下列任务：

（1）全部解体清洗、检验、换油，根据磨损情况更换密封装置和其他零、组件。

（2）各种护板的整形、修理或更换，底托架、滑靴（或滚轮）的修理。

（3）滚筒的局部整形以及齿座的修复。

（4）导轨、电缆槽、拖移装置的整形、修理。

（5）控制箱的检验和修理。

（6）整机调试，合格后方可下井，试验记录要填写齐全。

中修由矿井机电科负责，本矿无能力检修时送局机修厂。中修周期为 4～6 个月。

（三）大修

采煤机在运转 2～3 年、产煤 80～100 万 t 后，若主要部位磨损超限、整机性能普遍降低，但具有修复价值和条件的，可送局机修厂进行以恢复其主要性能为目的的整机大修。大修除完成中修任务外，还应完成下列任务：

（1）截割部的机壳、轴承套杯、摇臂套、小摇臂、轴、端盖的修复和更换。

（2）摇臂机壳、轴承座、行星架、连接凸缘的修复或更换。

（3）滚筒的整形及其配合面的修复。

（4）各千斤顶的修复或更换。

（5）液压泵、液压马达、所有阀及其他零件的修复或更换。

（6）牵引部行星传动部分的修复。

（7）冷却、喷雾系统的修复。

（8）电动机绕组整机重绕或部分重绕，以及防爆面的修复。

（9）以恢复整体性能为目的其他零件的修复。

（10）整机调试，运转合格后喷漆、出厂。

大修由局机修厂进行，周期为 2～3 年。

采煤机检修质量和试验规定应符合原煤炭部生产司颁发的《综合设备检修质量暂行标准》（机械部分）的要求。采煤机"四检"细则（试行）见表 7-1。

表 7-1　　　　　　　　　"四检"细则（试行）

四检	检修项目	标准和要求	参加人	时间
班检	（1）外观情况 （2）各种信号、压力表、油位指示器 （3）机身对接、挡煤板、阀靴等处易松动的螺栓 （4）导向装置、齿轨连接装置 （5）各部漏油、渗油情况 （6）更换截齿，检查齿座 （7）电缆、电缆夹的连接与拖移情况 （8）各操作手把、按钮 （9）牵引链、连接环、紧链器 （10）防滑、制动装置 （11）冷却、喷雾供水情况 （12）挡煤板翻转装置，清理支撑架	（1）各部清洁 （2）能正确显示 （3）齐全、牢固 （4）齐全、牢固 （5）液面符合规定，在运行卡中记录 （6）齿座完整，截齿齐全、锋利、连接牢固 （7）电缆连接可靠，夹板无缺损，记录电缆损坏情况 （8）灵活、可靠 （9）无断裂、扭结、咬伤、变形，连接环安装位置正确，紧链器可靠 （10）动作灵活，工作可靠 （11）供水压力、流量符合要求，水流畅通，无泄漏，喷雾效果良好 （12）翻转灵活，支撑架的转动副内无煤粉	采煤机司机和班修工小检参加	不少于30 min

四检	检修项目	标准和要求	参加人	时间
日检	(1) 处理班检中处理不了的问题 (2) 处理电缆、夹板、缆槽故障 (3) 处理滑靴、机身对接和挡煤板等处的螺栓 (4) 检查各部位注油点 (5) 冷却喷雾系统 (6) 调斜、调高、翻转千斤顶 (7) 牵引链、齿轨连接环、紧链装置 (8) 防滑装置、制动装置 (9) 操作手把、按钮	(2) 无扭结，拖移自如，夹板完好 (3) 螺栓、螺帽、垫片齐全，连接牢固 (4) 加注油、脂，油品符合规定，油量适宜 (5) 水管畅通、无泄漏，喷嘴畅通、无损坏，水泵压力和油量符合规定，各部冷却水压力、流量符合规定 (6) 动作灵敏、无损坏、无泄漏 (7) 同班检 (8) 动作可靠、灵活 (9) 灵活、可靠	由检修班长、机组长负责	不少于 6 h
周（旬）检	(1) 处理日检中处理不了的问题 (2) 检查各部油脂和油量 (3) 特别注意检查和处理滑靴、支撑架、机身对接螺栓等处 (4) 清洁过滤器 (5) 电气控制箱	(2) 按规定加注油、脂，油品合格，油量适宜，并取油样外观检查 (3) 牢固、可靠 (4) 清洗或更换油、水过滤器，保证过滤精度 (5) 防爆面无伤痕，接线不松动，箱内干燥，无油污和杂物	由机电科长、综采队长、机电工程师组织机电科、检修班工人、采煤机司机等人员参加	一般同日检时间
月检	(1) 处理周（旬）检处理不了的问题 (2) 处理漏油，取油样检验 (3) 检查和处理滑靴磨损情况 (4) 检查和处理牵引链磨损、节距变化情况，检查和处理链轮磨损、齿轮变形情况	(2) 取油样化验，并进行外观检查，换油并清洗油池，处理各部位漏油 (3) 一般不超过 10 mm (4) 建议每 45 天强制更换连接环	由机电矿长或副总工程师组织机电科和检修班工人参加	同日检，或可根据

续表 7-1

四检	检修项目	标准和要求	参加人	时间
	(5) 电动机绝缘性能测试	(5) 用 1 000 V 摇表绝缘电阻大于 1.1 MΩ		任务量适当延长
	(6) 电动机密封	(6) 密封良好		
	(7) 电动机轴承注入锂基脂	(7) 每三个月注一次		
	(8) 检查电器箱防爆面、电缆	(8) 符合防爆规定		
	(9) 检查防滑制动闸	(9) EDW 型采煤机摩擦片间隙小于 6 mm		
	(10) 滚动轴承、连接螺栓、滚筒磨损等情况	(10) 运转正常,螺栓齐全牢固,记录滚筒开裂和磨损情况		

二、采煤机的试验

采煤机在验收和检修过程中要进行各种试验,以检验元件或整机性能是否符合质量标准。

摩擦加载装置(图 7-2)由活塞 1、外摩擦片 2、内摩擦片 3、弹簧 4(在两片外摩擦片之间)、花键轴 5、外壳(有内花键)6 组成。

图 7-1 是 MLTS 型截割部或牵引部摩擦加载试验台的工作原理图。试验时,被试件由电动机驱动。加载装置是被试件(截割部或牵引部)的负载。该试验台是利用摩擦片产生的摩擦力矩(即制动力矩)作为负载的(除此之外,还可用电力或水力测功机等作加载装置)。加载装置与被试件之间用联轴器联接起来,并

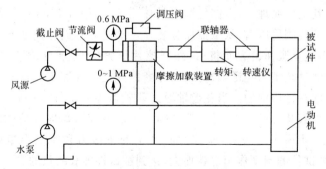

图 7-1　采煤机整机试验台

接入转矩、转速测量仪,以便测量被试件输出轴的有关参数(如截割部和牵引部输出轴的转矩、转速等)。被试件的输入功率可由电动机测得。根据以上已知的参数,便可计算出截割部或牵引部的牵引力、牵引速度、传动效率以及牵引力-牵引速度调速特性等。其中传动效率为:

$$\eta = \frac{m_2 n_2}{9\,550 n_1} \times 100\% \tag{7-1}$$

式中 n_1——电动机的输出功率,kW;

m_2——被试件输出轴的扭矩,N·m;

n_2——被试件输出的转速,r/min。

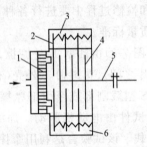

图 7-2 摩擦加载装置

1——活塞;2——外摩擦片;3——内摩擦片;4——弹簧;5——花键轴;6——外壳

其工作原理是:由储气罐来的压力为 0~0.4 MPa 的压缩空气经节流阀稳压后,从摩擦加载装置左端进入缸内推动活塞 1 右移,于是克服弹簧力而将内、外摩擦片压紧(产生正压力)。内摩擦片通过花键与花键轴连接,而外摩擦片是卡在固定在机架上的外壳的花键槽中的。当花键轴通过联轴器由被试件带动旋转时,摩擦加载装置中的内、外摩擦片间产生的摩擦力矩即为被试件的负载。当风压增大时,摩擦片间产生的正压力和摩擦力矩就增大,被试件的制动作用也就加大,达到被试件加载的目的。

由于在加载过程中内、外摩擦片间产生相对滑动,产生很大的热量。因此,必须用专门的冷却水泵向加载装置供水,进行冷却,冷却水压小于 0.8 MPa,水量为 20～30 L/min。冷却水同时对电动机和被试件进行冷却。

第四节　采煤机润滑油脂的选择与使用

采煤机工作条件恶劣,负载大,易受冲击,空间窄小,通风差,散热不良,还受煤尘、水的污染。因此,对采煤机润滑油、脂的选择、管理和使用应特别重视。

一、采煤机齿轮润滑油的选择

(一)采煤机常用齿轮润滑油的种类

润滑油能减小齿轮面和其他运动件的摩擦和磨损,减小功率损失,散发热量,防止零件锈蚀,降低噪声和冲洗运动副间的污垢,从而可以保证机器正常运转,延长使用寿命。

齿轮润滑油分为两大类,即工业齿轮油和车辆齿轮油。采煤机械的齿轮传动都用工业齿轮油,车辆齿轮油用于车辆和工程机械的齿轮传动。

工业齿轮油又分为普通工业齿轮油和极压工业齿轮油。普通工业齿轮油具有抗磨、抗泡沫和较好的抗氧化性能,一般用于中等载荷的闭式齿轮传动的润滑。极压齿轮油是在普通工业齿轮油中加入了极压添加剂,这种油具有良好的极压性、抗磨性、防锈性、抗泡沫性、分水性和抗氧化性,因此,油膜强度大,摩擦系数低,特别适用于重载、冲击载荷的煤矿机械的齿轮传动润滑。

极压性是指在金属接触应力很高、油膜容易破裂的极高压润滑条件下,所具有的防止摩擦面发生胶合、烧结和熔焊的性能。在润滑油中加入极压添加剂后,能在高应力下使金属表面形成一层牢固的化合物膜,避免金属直接接触。化合物膜的熔点较金属低,当金属接触面因摩擦受压温度升高时,化合物膜先熔化,生成光滑的、摩擦系数心的表面,可减小摩擦、磨损。

极压齿轮油按添加剂不同分为铅型和硫磷型,铅型极压齿轮油只能用于温度低于 80 ℃的场合,否则会产生硫化铅沉淀。硫磷型极压齿轮油具有良好的抗乳化性,可用于温度在 80 ℃以上的场合,采煤机齿轮传动中,都用这种油做润滑剂。国产硫磷型极压齿轮油有 N100、N150、N220 等 8 个牌号(表 7-2)。

表 7-2　　　　　　　　　硫磷型极压齿轮油质量标准

牌号 指标	N100	N150	N220	N320	N460
40 ℃运动黏度 (10^{-6} m^2/ s)	90～110	135～165	198～242	288～352	414～506
黏度指数不低于	70	70	70	70	70
闪点(℃)不低于	180	200	200	200	200
凝点(℃)不高于	−8	−8	−8	−8	−8
机械杂质不大于(%)	0.02	0.02	0.02	0.02	0.02

(二)采煤机齿轮润滑油的选择依据

选择齿轮油应包括两个方面:油的品种和油的黏度。而选择油的品种和粘度的依据是:

(1)齿面接触应力的大小。接触应力 $\sigma_H <$ 600 MPa 时,选用普通工业齿轮油;$\sigma_H >$ 600 N 或 1 000 MPa 时,选用极压工业齿轮油;$\sigma_H >$ 2 000 MPa 时,选用车辆齿轮油中的双曲线齿轮油。

(2)比功(P_V 值)的大小。比功 $P_V =$ 6.4×10^3 m/s 时,选用普通工业齿轮油;$P_V \leqslant$ 8.4×10^3 m/s 时,选用低中极压齿轮油;$P_V \leqslant$ 10.7×10^3 m/s 时,选用极压齿轮油。

(3)工作温度。工作温度高时,选用高黏度的齿轮油。

(4)载荷性质。有冲击载荷时,选用极压齿轮油;载荷平稳时,选用普通工业齿轮油。

(5)水的浸入情况。有水浸入场合,要选用分水性好的硫磷型极压齿轮油。

采煤机的齿轮传动载荷重、有冲击,工作温度变化大,又往往有水浸入,因此都选用运动黏度为$(150\sim460)\times10^{-6}$ m²/s(40℃)的极压工业齿轮油,最常用的是 N220、N320 和 N460 3 种硫磷型极压工业齿轮油,其中 N220、N320 用得最多。以上油品也适用于输送机、转载机、破碎机和泵站的齿轮传动润滑。

引进采煤机的代用油品:联邦德国采煤机(EDW-170-L、EDW300-L 型)用 N320 型极压齿轮油,英国采煤机(AM－500、BJD-300)用 N460 极压齿轮油,法国采煤机用 N460 极压齿轮油,波兰采煤机用 N220 和 N320 极压齿轮油。

二、采煤机润滑脂的选择

采煤机润滑脂选择的主要依据是机器的工作温度、运转速度、轴承负荷和工作条件。采煤机械中常用的润滑脂的特性见表 7-3,其中锂基脂的综合性能较好,在采煤机械中应用广泛。

表 7-3　　　　　　　　　常用润滑脂特性

类型	特性	连续使用最高温/℃	低温启动扭矩	抗水性	工作安定性	使用寿命
钙基脂	抗水、价廉	80	中到低	好	一般	中等
钠基脂	高熔点、工作稳定	120	高到低	差	最好到差	中到长
钙钠基脂	高熔点	120	中到低	一般	最好到差	中到长
锂基脂	高熔点、抗水、寿命长	150	高到低	好	最好到一般	长

润滑脂牌号可根据轴承内径 d(cm)、转速(r/min)、工作条件从表 7-4 中选择。在采煤机械中 3 号锂基脂应用最广。

表 7-4   润滑脂牌号的选择

轴承工作温度/℃	速度因数	干燥环境 $d_n/(cm \cdot r^{-1} min^{-1})$	潮湿环境
0～600	≤80 000	2 号脂(钠基、钙基)	2 号脂(钙基、锂基)
	>80 000	3 号脂(钙基、钠基、锂基)	3 号脂(锂基)
40～1000	≤80 000	3 号(2 号)脂(钠基、锂基)	3 号脂(锂基)
	>80 000	3 号(4 号)脂(钠基、锂基)	3 号脂(锂基)

三、润滑油、脂使用中的注意问题

（1）必须根据以上原则合理选择润滑油脂的品种和牌号（见表 7-4），或根据说明书规定选用，尽量避免代用，更不允许乱代用。必须代用时，应以优代劣，黏度一定要相当，同时还应考虑工作温度。还要尽量避免混用，特别是极压齿轮油不能和不加添加剂的油品混用，以免降低极压性能。

（2）给采煤机注油时，一定要按照说明书规定，按时、按量加注，注油量过多会引起过度发热，过少会影响正常润滑。

（3）润滑油使用一段时间后，受本身氧化和外来因素影响，油会变质，故必须及时更换，换油周期为 3 个月。换油时，将废油放净后要用同类油品冲洗，然后加注新油。

（4）必须防止油和脂污染、混用、错用事故发生，要认真贯彻煤炭工业局颁发的《综采设备油脂管理试行细则》，并设专人管理，严格把关。

第四部分　采煤机司机高级工专业知识和技能要求

第八章　高级工专业知识

第一节　综合机械化采煤技术

一、概述

综合机械化采煤是指回采工作面的破煤、装煤、运煤、支护、顶板管理等基本工序都实现机械化作业。这样的工作面叫综合机械化采煤工作面,简称综采工作面。

综采工作面设备是指工作面和顺槽生产系统中的机械和电气设备,其中包括:滚筒采煤机(刨煤机)、液压支架、可弯曲刮板输送机、桥式转载机、可伸缩胶带输送机、乳化液泵站、供电设备、集中控制设备、单轨吊车以及其他辅助设备等。

综合机械化采区巷道布置的主要特点和要求如下:

1. 顺槽断面尺寸较大

工作面上、下顺槽断面尺寸应按安装设备和运送设备的最大尺寸进行设计。由于综采设备一般由上顺槽运入工作面,故其断面尺寸主要以液压支架最大部件的外形尺寸确定。目前,上顺槽的净断面为 8～10 m。运送较大的支架时,上顺槽净断面可达 12 m 以上。

下顺槽除铺设转载机、可伸缩胶带输送机外,还要铺设轨道,以便供安装随工作面移动的供、配电设备,以及泵站和顺槽支架的回收与运输之用。为了使设备集中,便于生产、管理以及移动的方便,通常采用单巷平面布置方式,其巷道净宽一般在 4 m 以上,净断面为 10～12 m 左右。

2. 顺槽掘进应取直

在采煤工作面开采过程中,为了避免增加或减少液压支架的数量和输送机长度,必须使工作面长度保持不变。因此,在上、下顺槽掘进时,应严格按定向保证上、下顺槽平行施工。当煤层走向不太稳定时,为保证巷道不出现负坡积水,上、下顺槽应采取微坡定向上、下顺槽平行施工的方法。

3. 加大工作面推进长度

综采工作面的设备多,吨位重,设备的安装和拆移需要耗费大量的人力和工时。因此在布置巷道时,应适当增加工作面的连续推进长度,尽可能减少搬家的次数。

条件具备,加大工作面的推进长度可以采取以下几种做法:

(1) 工作面跨采区上(下)山连续回采。综采工作面采用这种方式使推进长度加大到 100 m。

(2) 采区间不留煤柱回采。两个相邻的双翼采区间不留煤柱,将两个采区的两翼合并为一翼开采。

(3) 倾斜长壁工作面布置。开采倾角较小的缓倾斜煤层和近似水平煤层时,可以把综采工作面沿走向布置,工作面沿倾斜自上而下或自下而上进行俯采或仰采,这样可使工作面推进长度达到 1 000 m 左右。

(4) 工作面旋转式布置。在工作面一次连续推进长度不足的情况下,可以采用旋转式开采,即综采工作面旋转 180°或 90°开采。

4. 设置大容量的采区煤仓

为了保证工作面连续生产,需要设置大容量的采区缓冲煤仓。一般情况下煤仓容量不应小于 300 ～ 500 t,有的可达10 900 t。

二、综采工作面的采煤机运输

（一）综采工作面采煤

1. 采煤机械

综采工作面使用的采煤机械一般分为两类：一类是刨煤机；另一类是滚筒采煤机。因刨煤机对不同地质条件的适应性较差，目前我国综采工作面使用的都是滚筒采煤机。滚筒采煤机有单滚筒和双滚筒两种。单滚筒采煤机只用于薄煤层，双滚筒采煤机用于中厚煤层。

2. 采煤机的进刀方式

当采煤机沿工作面割完一刀后，需要重新将滚筒切入煤壁，推进一个截深，这一过程称为"进刀"。常用的进刀方式有两种：端部斜切法和中部斜切法。

（1）端部斜切法

利用采煤机在工作面两端约 25～30 m 的范围内斜切进刀称为端部斜切法。当采煤机割煤接近工作面上端，前滑靴移动到输送机的过渡槽上时，将前滚筒逐渐降低，后滚筒逐步升高，以保持其正常的截割。

前滚筒进入顺槽后，将采煤机稍微后退，并翻转挡煤板，然后使前滚筒一边转动一边下降到底板，后端滚筒升起，采割机开始反向割煤，此时前滚筒把上一刀的底部余煤割净。当采煤机继续向下割煤即可顺着输送机弯曲段斜切入煤壁，直至前后滚筒完全切入煤壁时（距上顺槽一般为 25～30 m），停止牵引采煤机。而后，将输送机直线段和弯曲段推至煤壁，并调换两滚筒上、下位置，便可开始第二循环的采煤。在采煤机割到下顺槽时，也用同样的方法进刀。

端部斜切法进刀是常用的一种采煤机进刀方法，使用这种方法，采煤机切入煤壁阻力较小，对采煤机和输送机都是有利的，操作简单。但它也有缺点，即工作面控顶距离长，空顶面积大，对顶板管理不利;采煤机要在工作面上、下两端 25～30 m。范围内多反复两次,占用时间长,降低了设备的工时利用率,也影响了支架及时支护顶板。

（2）中部斜切法

利用采煤机在工作面中部斜切进刀称为中部斜切法。采煤机由工作面下端向上跑空刀,随后进行移架,推输送机。当采煤机到工作面中部时,利用输送机弯曲段斜切进刀,随即向上割煤直至上顺槽,然后停机换向,下行空放,当采煤机到工作面中部时,割去三角煤,接着向下割煤直至下顺槽。

这种进刀方式的优点是:不用在工作面两端进刀,简化了进刀工序;采煤机上行时,工作面下半部进行移架、移输送机、调架处理顶板等准备工作;采煤机下行时,工作面上半部进行准备工作,这样工作量均衡,窝工现象少;采煤机跑空刀时,可把底板上的浮煤装净,提高了采煤机的装煤率,为移输送机、移架创造了有利条件。

3. 滚筒采煤机的割煤方式

滚筒采煤机的割煤方式可分为单向割煤和双向割煤两种。

（1）单向割煤

采煤机沿工作面全长往返一次只进一刀的割煤方式叫单向割煤。单向割煤一般用在煤层厚度小于或等于采煤机采高的条件下。

（2）双向割煤

骑坐在输送机溜槽的双滚筒采煤机工作时,运动前方的滚筒割顶部煤,后随的滚筒割底部煤,如图 8-1(a)所示。"爬底板"采煤机则相反,是前滚筒割底部煤,后滚筒割顶部煤,如 8-1(b)所示。割完工作面全长后,需要调换滚筒的上下位置,并把挡煤板翻转 180°,然后进行相反方向的采煤行程。这种采煤机沿工作面牵引一次进一刀,返回时又进一刀。采煤机往返一次进二刀的割煤方式叫双向割煤。

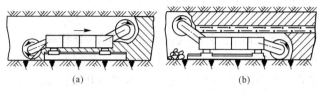

(a) (b)

图 8-1　采煤机双向割煤方式

4. 采煤机的装煤方式

在综采工作面,主要靠采煤机滚筒上的螺旋叶片把大部分碎落的煤炭装入刮板输送机,余留的浮煤靠输送机铲煤板的斜面推挤到溜槽。

必须指出,为了使滚筒割落的煤能装入输送机,滚筒上螺旋叶片的螺旋方向必须与筒旋转方向相适应:对顺时针旋转(采空区侧看)的滚筒,螺旋叶片方向必须右旋;对逆时针旋转的滚筒,螺旋叶片方向必须左旋。

(二) 综采工作面运输

1. 运输设备

一般来说,综采工作面运输设备包括工作面可弯曲刮板输送机、顺槽转载机和可伸缩胶带输送机。采煤机割下的煤,由工作面可弯曲刮板输送机经顺槽转载机和可伸缩胶带输送机运到区煤仓。

2. 运输方式

目前我国综采工作面均用后退式回采,其运输系统如图 8-2所示。综采工作面推进速度较快,因此要求顺槽输送机也能较快地缩短。为了不经常移动顺槽中的胶带输送机,并使工作面输送机中的煤顺利地转运到胶带输送机上,必须使用顺槽转载机。顺槽转载机可随工作面的推进而及时前移。

图 8-2(a)所示为转载机与可伸缩胶带输送机的搭接,以及胶带输送机储带装置的初始位置图。这时由于还未进行储带,故活

动折返滚筒 7 紧靠着固定折返滚筒 6，拉紧绞车 8 放出的钢丝绳也最长。

　　工作面推进时，顺槽转载机也随着后退，当转载机与胶带输送机重叠到一定长度后（长度由转载机型号确定），即拆去胶带输送机这部分的中间架，回缩机尾滚筒 9，然后开动拉紧绞车 8 将活动折返滚筒 7 一直拉到如图 8-2(b) 所示的位置。这时的可伸缩胶带输送机已开始缩短，缩余的胶带在滚筒间迂回 4 次而储存起来。当储存的胶带为一卷胶带长度（50～100 m）时，即可放松绞车，摘开胶带接头，取出一卷胶带，然后再连好胶带两端，将活动折返滚筒移到如图 8-2(a) 所示的初始位置，做好下次缩带的准备。

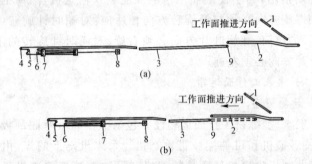

图 8-2　后退式开采时综采面运输系统

1——工作面输送机；2——顺槽转载机；3——顺槽可伸缩胶带输送机；

4——卸载滚筒；5——传动滚筒；6——固定折返滚筒；7——活动折返滚筒；

8——拉紧绞车；9——机尾滚筒

3. 综采工作面运输的一般要求

（1）保持输送机的平、直；

（2）保持足够的输送机弯曲段长度；

（3）调整好刮板链的松紧度；

（4）推移输送机必须在其运转的情况下进行；

（5）输送机被压住时不要硬开车；

（6）防止输送机下滑。

三、综采工作面支护

（一）顶板下沉量影响因素

1. 顶板下沉量和下沉速度与割煤、移架间的关系

生产实践表明,工作面的顶板下沉量在采动阶段(主要是移架期间)较大,直接顶板活动强烈;在相对稳定阶段顶板的活动趋向稳定。

2. 距煤壁不同距离处的顶板下沉量和下沉速度

工作面距煤壁近处顶板的下沉量大于距煤壁远处顶板的下沉量,其下沉速度离煤壁近的要比离煤壁远的高得多。在每次移架操作中,降架时顶板下沉速度达到高峰,而升架时变为负值。

3. 综采工作面支护强度的变化

液压支架的额定工作阻力与其支护顶板面积之比称为支架的额定支护强度。支架在刚采过煤、新暴露顶板、支护面积增加时,支护强度减小;移架时立柱卸载,其支护强度减速小到零;支架重新支撑后,支护强度又由零逐渐增高,直至在额定支护强度下工作。

（二）液压支架

1. 液压支架的类型

液压支架是顶梁、底座与支柱联合为一个整体的结构,以液压为动力,因而能实现支设、回撤及移输送机等一系列工序的机械化。

根据液压支架与围岩的相互作用方式,液压支架可分为:支撑式、掩护式和支撑掩护式3种基本类型。

（1）支撑式液压支架

支撑式支架对围岩主要起支撑和切顶作用。其外部特征是顶梁较长,立柱呈垂直布置。根据架型结构和推移方式的不同,

支撑式支架又可分为垛式支架和节式支架两类。

（2）掩护式液压支架

掩护式支架对围岩主要起掩护、隔离作用。其外部特征是立柱数量少，一般1~2个，呈倾斜布置，多支撑于掩护梁与底座之间。若立柱支撑顶梁，则应配置平衡千斤顶来保持支架的稳定。按照底座与输送机的关系，掩护式支架又分为插腿式掩护支架和非插腿式掩护支架两种。

（3）支撑掩护式液压支架

支撑掩护式支架是结合支撑式和掩护式两类支架的优点而发展起来的，它对围岩既有较强的支撑、切顶作用，又有较好的掩护、隔离作用。其外部特征是：双排立柱支撑顶梁（或顶梁与掩护梁），采用坚固的掩护梁及挡护板将支架与采空区隔开，并且双扭线连杆机构联结掩护梁和支架底座。

2. 液压支架的工作方式

由于液压支架的型式、结构、移步方式和支护条件的不同，其工作方式也不一样。液压支架的工作方式大致有两种：立即支护方式和滞后支护方式。

（1）立即支护方式

立即支护方式又称超前支护方式。它是在采煤机割煤后，先移支架，再移输送机。这种方式能及时支护刚刚暴露出的顶板，缩短顶板自暴露至支撑之间的间隔时间，最少的可缩短到 2 min 左右，从而避免了顶板的严重下沉，保持顶板的完整性，给安全生产创造了有利条件。因此，在实际生产中应首先考虑采用这种支护方式。

采用立即支护方式的支架一般具有较长的前控梁。其长度应超过输送机宽度与支架移架步距之和。

（2）滞后支护方式

滞后支护方式是在采煤机割煤后，先移输送机，再移支架。

采用这种工作方式的支架，一般在前梁下都有立柱，载荷在顶梁上的分布比较均匀。由于这种支护方式是在采煤机割煤之后要隔一段时间才进行移架支护新暴露的顶板。故使新暴露的顶板在支架支护之前就可能遭到严重下沉甚至冒落，从而妨碍生产的正常进行。因此，它多用于顶板比较稳定的煤层。

3. 液压支架的移步方式及支护速度

（1）液压支架的移步方式

在综采工作面，液压支架的移步方式通常分为顺序移步和交错移步两种，如图8-3所示。在采煤机割煤时，支架主要采用顺序移步跟机支护，只有在顶板稳定的条件下，才能使用交错移步。用交错移步，工作面可以达到更快的支护速度。

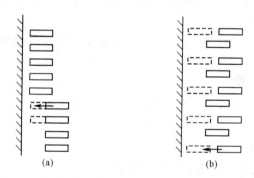

图 8-3　液压支架的移步方式

a——顺序移步　　b——交错移步

（2）液压支架的支护速度

通常把沿工作面长度方向上推移支架节的速度叫做液压支架的支护速度。从及时有效地控制顶板来讲，支护速度快是有利的。支护速度与单位时间内向煤壁推移的支架节数目、泵站的生产能力、推移千斤顶工作腔面积和支架的推移步距等有关。液压支架的支护速度的计算式为：

$$V_支 = \frac{1\,000QL}{SF} \tag{8-1}$$

式中　Q——泵站的生产能力,L/min;

　　　L——支架的安设间距,m;

　　　S——移架步距,cm;

　　　F——移架千斤顶工作腔截面积,cm²。

应当指出,支架的支护速度还必须考虑操作中的辅助时间和支架距泵站的远近等因素,即距泵站越远的支架,推移千斤顶中的压力液的压降也越大,其推力减小则移架的时间就长。因此,为了提高支护速度,除增加泵站能力外,移架前做好准备工作,采取少降柱、快拉架,也能收到好的效果。当支护速度跟不上采煤机的牵引速度时,也可用交错移架的方式来保证顶板的支护。

4. 移架步距

液压支架的步距应该和采煤机截深及输送机的推移步距一致。当煤壁留有探头煤或底煤时,往往会使支架移架不够步距。

在采煤机飘刀而留有底煤时,由于输送机和支架都移不够规定的步距,会使煤壁前的空顶距离加大,这时就可能造成顶板破碎、掉矸,甚至出现局部冒顶事故。因此,在生产中要采用适当的措施,以防止上述现象发生。

四、综采工作面生产技术管理

(一)循环作业与劳动组织

综合机械化采煤产量大、效率高、机械设备多、工序紧凑、相互之间制约性强,如某一环节失调,将影响整个生产的正常进行,因此,必须有一种科学、严密的循环作业与劳动组织方式与之相适应。

工作面循环作业,即是完成破煤、装煤、运煤、支护、顶板管理等基本工序的一个周而复始的采煤过程。

1. 作业形式

工作面的作业形式,就是一昼夜内采煤班和准备班的配合形式。作业形式应该与全矿的工作制度相适应。综采工作面合理作业形式的选择,应当满足:①在时间上最大限度地提高机械设备的利用率,使生产时间集中,避免设备的轻载或空载运转;②有足够的检修时间,保证设备状态良好,以达到连续运转而不影响生产。

我国综采工作面的作业形式,基本上有以下几种:

(1)三班作业:三班出煤,班内检修。

(2)三班作业:二班出煤,一班检修。

(3)三班作业:二班出煤,一班检修并出煤。

(4)四班交叉作业:三班出煤,一班检修。

第一种作业形式,工时利用充分,设备利用率高,推进速度快,也有利于顶板的维护。但由于没有专门的检修班,所以设备检修矛盾比较突出。为此,除班内要随时进行小修外,在交接班时还得占用一部分时间检修,并每隔 1～3 天有一班要不定期检修。

第二种作业形式,有较充分的准备和检修时间,但设备利用率不高,设备效能不能充分发挥。一般适用于工作量不大或地质条件较差以及操作技术不很熟练、检修力量比较薄弱、管理经验也较差的初次使用综采设备的工作面。

第三种作业形式,除了两班出煤外,另一个班根据设备维护状况和检修力量又有:半个班出煤,半个班检修;2 h 出煤(割一刀)6 h 检修;多半个班出煤,少半个班检修。这种作业形式介于第一、二种作业方式之间,充分利用了交接班时间,提高了设备利用率与工作面单产。

2. 劳动组织

劳动组织的主要任务,一是合理地确定劳动力配备;二是选择符合工作面生产工艺要求的劳动组织形式。

由于综采的设备多,技术要求也较复杂,所以综采工作面的劳动组织,应按设备、工种定人员,并组成专业工种,以便有利于掌握和不断提高操作技术水平。在具体的组织形式上,应采用追机作业方式,以充分利用工时,发挥设备效能,达到高产、高效。若顶板条件较差,支护复杂,辅助工作量多,或生产管理和操作技术水平较低,追机作业困难,可将移架工、移输送机工沿工作面全长分段操作和管理。若顶板条件好,采煤机割煤速度快,为使移架工能及时跟上,也可用分组移架接力追机作业,每组 10 架左右,同时移架数不超过两组,两组降柱、升柱时间应当交错开。

综采工作面的工人,既要实行专业分工,又要搞好工种间的协作,对综采工作面人员配备的要求是:

(1) 选拔成建制过硬的采煤队,按岗位一次配齐配好。

(2) 加强技术培训,不断提高技术水平。应使综采队员对所有操作的设备达到四懂(懂采煤工艺,懂设备的结构、原理、性能)、四会(会操作、会检查、会维修、会排除故障)的要求。

(3) 注意配备老工人,特别是具有设备维修和顶板管理经验的老工人,充分发挥他们的作用,以保证生产的正常进行。

(二) 设备管理

综采工作面由于设备多、机械化水平高,故加强设备管理工作是生产管理工作中的一项十分重要的内容。设备管理工作做得好,就能使设备经常保持完好和正常运转,保证工作面的稳产和高产,同时也有利于延长设备的使用寿命,降低材料消耗。对设备管理工作的主要要求是:

(1) 加强设备的检查和维护。设备的检查和维护是设备管理工作的首要内容。要经常教育职工,人人爱护设备,人人维护设备,认真执行以预防为主的维修方针。做好设备的日检、周检、月检以及季检等工作,并把日常检查和维护作为重点,只有及时地检查、有效地维护,才能防患于未然,把事故消灭在萌芽状态。

(2) 加强备品、配件管理工作。只有做好备品、配件的准备、供应和管理工作,才能保证设备及时、有效的检修。综采队一般应配1名干部主管此项工作。

（3）建立健全设备技术档案制度。应记录设备验收情况、配件器材消耗情况、事故和检修等情况。各设备还应填写工作日志,作为交接班内容之一。

（三）质量管理

综采工作面质量管理工作的好坏,直接关系着能否实现安全生产和机械设备效能的发挥。质量管理的内容包括工作面的工程质量管理和设备维修质量管理两个方面,二者互相制约、互相影响。为了抓好工作面的质量管理工作,必须贯彻"质量第一"的方针,不断提高综采人员对工程质量重要性的认识,培养严、细的工作作风,严格质量标准,同时要采取有效的技术组织措施,如建立健全作业规程、牌板制、工种岗位责任制、质量检查验收制,开展质量活动分析等,以确保工作面实现优质、高效和安全生产。

五、双滚筒采煤机

（一）双滚筒采煤机简介

目前煤矿井下使用的采煤机械主要有刨煤机和滚筒采煤机两种类型。刨煤机一般适用于煤质较软、顶底板条件较稳定的薄煤层和较薄的中厚煤层。滚筒采煤机的采高范围大,能截割硬煤,并且能适应较复杂的顶底板条件。因此,滚筒采煤机自20世纪50年代出现以后很快得到推广使用,并且在结构和性能方面不断得到改进和完善。

滚筒采煤机采用螺旋滚筒作为截割机构,当滚筒转动并截入煤壁时,利用安装在滚筒上的截齿将煤破碎,并通过滚筒上的螺旋叶片将破碎下来的煤装入工作面输送机。

滚筒采煤机有单滚筒和双滚筒之分。最初的单滚筒采煤机,其滚筒高度不能调节,如我国的早期产品MLQ-64型单滚筒采煤机。这种采煤机的采高只能稍大于滚筒的直径,若煤层厚度超过滚筒直径很多,则留下的顶煤需要另外处理。如果换用较大直径的滚筒以适应较厚的煤层,则底托架需相应加高,以免滚筒截割底板。这种采煤机的采高范围很小,不能适应煤层厚度变化和底板起伏的条件,故目前已很少使用。

为了适应煤层厚度和底板起伏的变化,目前单滚筒采煤机的滚筒均为可调高的,滚筒调高有两种方式:一种是底托架调高,利用底托架上的调高液压缸使机身上下或纵向倾斜,以调节滚筒的高度;另一种是摇臂调高,即滚筒装在可以上下摆动的摇臂上,通过摆动摇臂来调节滚筒的高度。

底托架调高的单滚筒采煤机,其调高范围较小,对于不同厚度的煤层,只能选用直径相当的滚筒。这种采煤机一般适用于较薄的煤层。

摇臂调高的单滚筒采煤机具有较大的调高范围,可以较好地适应起伏较大的煤层条件。当煤层厚度较大时,采煤机可以分两次往返切割煤层全高。目前我国广泛使用的国产采煤机即属于这种类型。

采煤工作面液压支架的使用,解决了顶板管理机械化问题。单滚筒采煤机的性能已不能适应机械化发展的需要,特别是不能适应中厚煤层一次采全高和免开工作面两端切口的需要,因而出现了双滚筒采煤机。

在中厚煤层中,煤层厚度比滚筒直径大很多,若使用可调高的单滚筒采煤机,需要沿工作面往返割两次才能截割煤层的全高。采煤机先升起摇臂,沿工作面向一方向先采顶部煤,然后降下摇臂,返回采底部煤。如果采用双滚筒采煤机,前滚筒采顶部煤,后滚筒采底部煤,则可以一次开采煤层全高,因而提高了工作面的产量和效率。此外,使用双滚筒采煤机还可以较好地适应煤层厚度的变化。

近年来,国内外双滚筒采煤机的类型和品种很多,概括起来有以下几方面的特点:

（1）滚筒调高范围大，用于中厚煤层可以一次采全高，并能适应煤层厚度变化和底板起伏不平的条件。目前，中厚煤层双滚筒采煤机的最大采高可达 5 m，薄煤层双滚筒采煤机的采高可低至 0.8 m。

（2）采煤机运行到工作面两端时，滚筒可以截到工作面端头，甚至伸到顺槽内，因而可以自开工作面两端的切口。

（3）采煤机的功率大，机械强度高，能截割各种硬度的煤，并能截割夹矸层和部分顶底板岩石。目前，薄煤层双滚筒采煤机的电动机功率达 $150 \sim 200$ kW，中厚煤层采煤机装有一台或两台 $150 \sim 375$ kW 的电动机。

（4）采煤机具有较大的牵引速度，因而生产能力高。目前双滚筒采煤机截煤时的牵引速度可达 $5 \sim 6$ m/min，调动牵引速度最大为 $10 \sim 18$ m/min。采煤机的小时生产能力可达 $600 \sim 1\,000$ t。

（5）采煤机具有比较完善的保护装置。多数采煤机的牵引部装有自动调速装置，既可以充分发挥机器的效能，又可有效地防止机器过载，提高了机器工作的可靠性。

（6）机器操作方便，除手把操纵外，一般还可以在机身适宜部位使用按钮操纵。有的采煤机装有无线电操纵装置，司机可在离机 10 m 左右的地方操纵机器。

（7）附属装置日趋完善，如装设有拖电缆、降尘冷却、牵引链张紧、防滑和大块煤破碎等装置。

由于采煤机的功率和强度增大，因而机器的重量和尺寸也相应增大，目前双滚筒采煤机的重量一般为 $20 \sim 40$ t，最大的已超过 50 t，机器长度可达 10 m 或更长，这给井下搬运、安装和使用带来一定的困难。此外，随着机器性能的提高和完善，机器结构日益复杂，使用的零部件和元件也更为精密，特别是其中的液压传动和电气控制装置对使用和维护的要求较高，因而只有提高工人和管理人员的技术水平，才能充分发挥设备的效能。

（二）双滚筒采煤机的组成部分和类型

双滚筒采煤机的类型很多，但其基本组成部分大体相同。双滚筒采煤机由电动机、截割部、牵引部，以及附属装置等部分组成。截割部包括机头减速箱、摇臂齿轮箱、截煤滚筒等部件。附属装置包括底托架、牵引链固定和张紧、拖缆、喷雾降尘和水冷、防滑，以及大块煤破碎等装置。此外，为了实现滚筒调高、机身调斜（或称横向调向），机器还装设有辅助液压装置。

双滚筒采煤机的电动机是采煤机的动力部分，它一方面驱动牵引部的传动链轮，并通过沿工作面悬挂的牵引链使采煤机沿工作面移动；同时电动机又驱动左、右截割部的机头减速箱和摇臂，最后带动左、右两个滚筒。大功率的双滚筒采煤机装设两台电动机，其中一台电动机驱动牵引部和一个截割部，另一台电动机驱动另一截割部。

双滚筒采煤机的左、右截割部是对称的，其传动系统和结构均相同。

采煤机的电动机、截割部和牵引部组装成一个整体，用螺栓固定在底托架上，并通过底托架下部的四个滑靴骑在刮板输送机溜槽上。在底托架与溜槽之间具有足够的空间，以便于输送机上的煤流从采煤机底托架下顺利通过。采煤机靠采空区一侧的两个滑靴套在溜槽的导向管上，以防止采煤机运行中掉道。

在底托架上装有调高液压缸，用它摆动摇臂，以调节滚筒的高度。有的采煤机在底托架上靠采空区一侧还装有机身调斜液压缸，用它调整机身沿煤层走向方向的倾斜，以适应煤层沿走向的起伏变化。

采煤机的辅助液压装置包括辅助液压泵和一些控制阀，用以操纵摇臂调高、机身调斜和挡煤板翻转。

采煤机设有喷雾降尘和水冷装置。从工作面供水管来的压力水经滚筒上的截割部附近的喷嘴喷出，形成雾状，用以消除煤尘。其中一部分水经过电动机定子外边的水套和牵引部冷却器，对电动机和牵引部进行冷却。

采煤机的电缆和供水管用拖缆装置夹持，由采煤机拖着在工作面输送机的电缆槽中移动。

在工作面输送机的机头和机尾架上装有采煤机牵引链的固定和张紧装置，使采煤机后边的链子保持一定的张力。

在倾角较大的工作面上，采煤机需装设防滑装置，当牵引链被拉断时，可以制止采煤机下滑，防止发生意外事故。

为了不使工作面片帮落下的大块煤和矸石阻塞输送机，有的采煤机在上端截割部另装有一个破碎大块煤的滚筒。

双滚筒采煤机，根据它的采高范围可分为薄煤层和中厚煤层双滚筒采煤机。

图 8-4 所示为几种型式的中厚煤层双滚筒采煤机，它们都是骑在工作面输送机上采煤的。图 8-4(a)为摇臂调高两端双滚筒采煤机，目前大多数采煤机都采用这种型式，如国产 MLS3-170、MG-200 和 MXA-300 型，以及国外的 EDW-170L(联邦德国)、MKII(英国)和 KWB-3RDS(波兰)型等。这类双摇臂采煤机调高和卧底的性能都较好，但摇臂中齿轮较多，结构比较复杂。

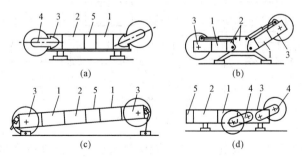

(a)　　　　　　(b)

(c)　　　　　　(d)

图 8-4　双滚筒采煤机的类型

1——电动机；2——牵引部；3——机头减速箱；4——摇臂；5——控制箱

摇臂结构具有几种型式(图 8-5),图 8-5(a)为侧面摇臂,即摇臂位于采煤机机身的一侧;图 8-5(b)基本上是侧面摇臂,但一部分在机身的端部;图 8-5(c)为端部摇臂,即摇臂在机身宽度范围内。侧面摇臂截割底板以下的卧底量比端部摇臂大,但结构强度不如后一种高。

图 8-5(a)为截割部调高的双滚筒采煤机。这种型式采煤机的牵引部布置在机身的正中间,并固定在底托架上。在牵引部的两端铰接着左、右截割部,每个截割部包括各自的电动机和减速箱,利用调高液压缸带动截割部上下摆动,以实现滚筒调高。这种型式采煤机的特点是调高范围大,截割部减速箱结构简单,并且结构强度较高,工作可靠,此外,采煤机的机身长度也较短。法国 DTS-300 型采煤机即采用这种型式,其滚筒上下调高的范围可达 1.4 m。

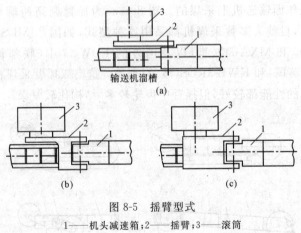

图 8-5　摇臂型式

1——机头减速箱;2——摇臂;3——滚筒

图 8-5(b)为底托架调高的双滚筒采煤机,它利用安装在机身两端的调高液压缸使底托架上下起伏,以调节滚筒的高度。这种型式采煤机的调高范围较小,调高的目的主要是为适应起伏不平

的煤层条件,因此,为适应不同厚度的煤层,需要选用直径相当的滚筒。如波兰 KWB-3DS 型采煤机便采用这种调高型式,其滚筒调高范围不超过 200 mm,在采高 1.3～1.8 m 范围内备有几种直径的滚筒以供选用。

图 8-5(c)为双摇臂布置在采煤机一端的型式。这种采煤机的两个摇臂由一个机头减速箱传动,结构比较简单,机身长度也较短。但这种采煤机只能自开工作面一端的切口,另一端切口需要人工开挖。此外,位于采煤机中部的滚筒装煤效果较差。

图 8-6 所示为用于薄煤层的双滚筒采煤机。这种采煤机的特点为采煤机不骑在输送机上,而直接爬在底板上移动,因而称"爬地"式采煤机。这种采煤机机身主要部件位于输送机与煤壁之间的机道内,机器截煤时前滚筒截割出来的空间正好让机身通过,因而这种采煤机也称为"截深内"采煤机。联邦德国的 EDW-170LN 和英国的 ABl6 巴托克(Buttock)型采煤机即属于这种类型。这种采煤机由于爬底板移动,因而降低了机身高度,适应薄煤层的开采条件,并且可以装备较大功率的电动机,提高了采煤机的生产能力。

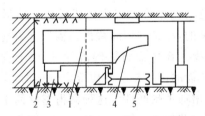

图 8-6　薄煤层爬底式双滚筒采煤机

1——机身;2——滚筒;3——煤壁侧滑靴;4——操纵箱;5——输送机

(三) 截割部

截割部包括工作机构及其传动装置,是采煤机直接落煤、装煤的部分。截割部消耗的功率占整个采煤机功率的 80%～90%。

因此,其结构、参数的合理与否,直接关系到采煤机生产率、传动率、能耗和使用寿命。滚筒采煤机的截割机是指滚筒和安装在滚筒上的截齿,而传动装置是指固定减速箱、摇臂齿轮箱,有时还包括滚筒内的传动装置。

1. 截齿

截齿是采煤机直接落煤的刀具,截齿的几何形状和质量直接影响采煤机的工况、能耗、生产率和吨煤成本,丢失截齿将增大采煤机的功率、牵引力和振动。对截齿的要求是强度高、耐磨,几何形状合理,固定牢靠。截齿齿身常用 $30\sim35\mathrm{SiMnV}$ 或 $40\mathrm{Cr}$ 等合金钢制作,并经调质处理,截齿头部镶嵌碳化钨硬质合金。滚筒采煤机用的截齿,有扁截齿和镐形截齿两种。

(1)扁截齿

扁截齿即刀形截齿,是采煤机上用得最多的一种截齿,它是沿滚筒径向安装在螺旋叶片和端盘的齿座中的,故又称为径向截齿。为提高耐磨性能,截齿头部镶嵌有硬质合金。扁截齿可截割不同硬度和韧性的煤,适应性较好。

(2)镐形截齿

镐形截齿分为圆锥形截齿和带刃截齿。镐形截齿基本上是沿滚筒切向安装的,故又称切向截齿。镐形截齿落煤时主要靠齿尖的尖劈作用,楔入煤体而将煤碎落,故适用于脆性及裂隙多的煤层。圆锥形截齿的齿尖是由硬质合金制成的,齿身头部也堆焊一层硬质合金,增加了耐磨性。这种截齿形状简单,制造容易,从原理上讲,截煤时截齿可绕轴线自转而自动磨锐。目前用得较多的是镐形截齿。

2. 螺旋滚筒

(1)螺旋滚筒的结构

螺旋滚筒由螺旋叶片、端盘、齿座、喷嘴及筒壳等部分组成。螺旋叶片用来将截落的煤推向输送机。端盘紧贴煤壁工作,以切出新的整齐的煤壁,为防止端盘与煤壁相碰,端盘边缘的截齿向煤壁侧倾斜,端盘上截齿截出的宽度 B 为 80~120 mm。齿座孔中安装截齿,叶片上两齿座间布置有内喷雾嘴,内喷雾水则由喷雾泵通过供水系统引入滚筒并通向喷嘴。筒壳与滚筒轴连接。

（2）螺旋滚筒的参数

螺旋滚筒的参数有结构参数和工作参数两种。结构参数包括滚筒直径、宽度,以及螺旋叶片的旋向和头数,工作参数指滚筒的转速和转动方向。

螺旋滚筒有 3 个直径,即滚筒直径 D、螺旋叶片外缘直径 D_y 及筒壳直径 D_g。其中滚筒直径是指滚筒上截齿齿尖处的直径,滚筒直径尺寸已成系列,可根据所采煤层厚度进行选择。筒壳直径 D_g 越小,螺旋叶片的运煤空间越大,越有利于装煤,通常 D_g 与 D_y 的比值为 0.4~0.6。

滚筒宽度 B 是滚筒边缘到端盘最外侧截齿齿尖的距离,也即采煤机的理论截深。目前采煤机的截深从 0.6~1.0 m 有多种,其中以 0.6 m 用得最多。

滚筒的螺旋叶片有左旋、右旋之分。为向输送机推运煤,滚筒的旋转方向必须与滚筒的螺旋方向相一致,对逆时针方向旋转（站在采空区侧看滚筒）的滚筒,叶片应为左旋;顺时针方向旋转的滚筒,叶片应为右旋,即应符合通常所说的"左转左旋,右转右旋"旋转规律。

滚筒上螺旋叶片的头数一般为 2~4 头。以双头用得最多,三、四头只用于直径较大的滚筒或用于开采硬煤。

（3）滚筒的旋转方向

采煤机滚筒的旋转方向根据其使用条件不同而异。旋转方向的确定以"有利于装煤和机器的稳定"为原则。

对于单滚筒采煤机,滚筒应位于采煤机机身下顺槽侧,以便落下的煤不经机身下通过而运走,同时也可减少煤的重复破碎。

故左工作面的滚筒应顺时针旋转,用右螺旋叶片;右工作面的滚筒应逆时针旋转,用左螺旋叶片。这样,摇臂不挡住煤流,利于装煤,机器受翻转力矩小,工作平稳。若滚筒旋向相反,则煤流被摇臂挡住,装煤口尺寸减小,显然是不合理的。

对于双滚筒采煤机,为使机器工作平稳,两个滚筒的旋转方向应当相反,以使两个滚筒的总截割阻力相互抵消。两个转向相反的滚筒有两种布置方式,即反向对滚和正向对滚。中厚煤层双滚筒采煤机一般都采用反向对滚,因为这种转向飞扬的煤尘较少,碎煤不易抛出伤人。虽然这种摇臂会挡住煤流,但因中厚煤层的滚筒直径较大,仍有足够装煤口尺寸。采用正向对滚时,前滚筒飞扬的煤尘多,且易造成截齿带出碎煤伤人,故在中厚以上煤层中不能采用这种方式,但这时摇臂不挡煤流,利于装煤,所以薄煤层双滚筒采煤机常采用正向对滚的方式。

(4) 滚筒转速

若采煤机滚筒以转速 n 旋转,同时以牵引速度向前推进(图8-7),截齿切下的煤层呈月牙形,其厚度从 $0 \sim h_{max}$ 变化,而且

$$h_{max} = \frac{100v_q}{mn} \tag{8-2}$$

式中　v_q ——牵引速度,m/min;

　　　n ——滚筒转速,r/min;

　　　m ——同一截线(定义见后)上的截齿数。

由式(8-2)可知,当 m 一定时,煤屑厚度与牵引速度成正比,而与滚筒转速成反比。即滚筒转速愈高,煤的块度愈小,越易造成煤尘飞扬。所以,滚筒转速一般限制在 $30 \sim 50$ r/min(薄煤层时一般为 $60 \sim 100$ r/min),相应的截割速度(即滚筒截齿齿尖切向速度)一般为 $3 \sim 5$ m/s。

(5) 滚筒上的截齿排列

螺旋滚筒上截齿的合理排列可以降低截煤能耗,提高块煤率

以及使滚筒受力平稳、振动小。截齿的排列取决于煤的性质和滚筒直径等。截齿的排列情况可用截齿配置图（图 8-7）来表示。截齿配置图就是滚筒截齿齿数所在圆柱面的展开图，图中水平线为不同截齿的空间轨迹展开线，称为截线；相邻截线间的间距称为截距。

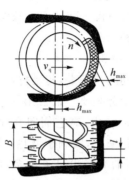

图 8-7　煤屑厚度变化

由于端盘贴煤壁工作，煤的压张程度差，工作条件恶劣，故端盘部分截齿的截距要比螺旋叶片部分的截距小，而且越贴近煤壁，截距越小。端盘上的截距都是靠调整齿座倾角获得，向煤壁的倾角用"＋"号表示，向采空区侧用"－"号表示。由图 8-7 可见，端盘部分的截齿较密，每条截线上的截齿数一般为 $m' \approx m + (2 \sim 3)$ 个（m 为叶片部分每条截线上的截齿数）。

叶片部分截距一般为 32～65 mm，小值适用于硬煤。通常每条截线上的截齿数等于叶片头数。

3. 截割部传动装置

截割部传动装置的功用是将电动机的动力传递到滚筒上，以满足滚筒工作的需要。同时，传动装置还应适应滚筒调高的要求，使滚筒保持适当的工作高度。由于截割消耗采煤机总功率的 80％～90％，因此要求截割部传动装置具有高强度、刚度和可靠性,良好的润滑密封、散热条件和高的传动效率。对于单滚筒采煤机,还应使传动装置能适应左、右工作面采煤的要求。

(1)传动方式

采煤机截割部都采用齿轮传动,常见的传动方式有:电动机—固定减速箱—摇臂—滚筒,电动机—固定减速箱—摇臂—行星齿轮传动—滚筒,电动机—减速箱—滚筒,电动机—摇臂—行星齿轮传动—滚筒几种。

(2)截割部传动的润滑

采煤机截割部传动的功率大,传动件的负载很大,还受冲击,因此传动装置的润滑十分重要。最常用的方法是飞溅润滑,即将一部分传动零件浸在油池内,靠它们向其他零件供油和溅油,同时将部分润滑油甩到箱壁上,以利于散热。随着现代采煤机功率的加大,采取强制方法的润滑也日见增多,即用专门的润滑泵将润滑油供应到各个润滑点上(如 MG300-W 型采煤机)。

采煤机摇臂齿轮的润滑具有特殊性,它不仅承载重、冲击大,而且割顶煤或割底部煤时,摇臂中的润滑油集中在一端,使其他部位的齿轮得不到润滑。因此,在采煤机操作中一般规定滚筒割顶煤或卧底时,工作一段时间后,应停止牵引,将摇臂下降或放平,使摇臂内全部齿轮都得到润滑后,再工作。

(四)牵引部

采煤机牵引部担负着移动采煤机使工作机构连续落煤或调动机器的任务。牵引部包括牵引机构及传动装置两部分。牵引机构是直接移动机器的装置,包括有链牵引和无链牵引两种类型。传动装置用来驱动牵引机构并实现牵引速度的调节。传动装置有机械传动、液压传动和电传动等类型,分别称为机械牵引、液压牵引和电牵引。对牵引部的主要要求是:有足够大的牵引力,牵引速度一般为 0～15 m/min,而且可以无级调速,以适应在不同煤质条件下工作;在电动机转向不变的情况下能正、反向牵引和停止牵引;有自动调速系统和可靠的保护装置,以及操作方便等。

1. 链牵引机构

链牵引机构包括牵引链、链轮、链接头和紧链装置等。

链牵引的工作原理如图 8-8 所示,牵引链 3 与牵引部传动装置的主动链轮 1 相啮合并绕过导向链轮 2 后与紧链装置 4 连接,两个紧链装置分别固定在工作面刮板输送机的机头和机尾上。紧链装置的作用是使牵引具有一定的初拉力,使吐链顺利。当主动链轮逆时针旋转时,牵引链从右段绕入,这时左段链为松边,其拉力为 P_1,右段链为紧边,拉力为 P_2,因而作用于采煤机的牵引力为: $P = P_2 - P_1$。

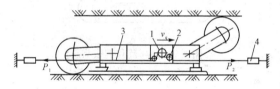

图 8-8　链牵引工作原理

1——主动链轮;2——导向链轮;3——牵引链;4——紧链装置

采煤机在此力作用下,克服阻力而向右移动;反之,当主动链轮顺时针旋转时,则采煤向左移动。根据链轮的安装位置不同,有立链轮牵引和平链轮牵引,其工作原理是相同的。

(1)牵引链

牵引链采用高强度(C 级或 D 级)矿用圆环链[图 8-9(a)],它是用 23MnCrNiMo 优质钢经编成型后焊接而成的。采煤机常用的牵引链为 22×86(棒料直径 $d = 22$,链环节距 $t = 86$)圆环铸。

矿用圆环链一般做成由奇数个链环组成的链段,以便于运输,使用时将这些链段用链接头[图 8-9(b)]连成所需的长度。图示链接头由两个半圆环 1 侧向扣合而成,用限位块 2 横向推入并卡紧,再用弹性销 3 紧固。这种接头破断拉力大,是我国常用的一种。

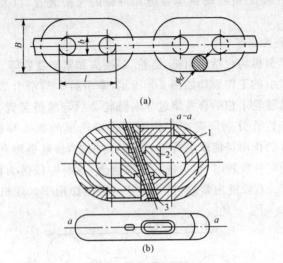

图 8-9　圆环链和链接头

1——半圆环;2——限位块;3——弹性销

（2）链轮

如图 8-10 所示的链轮,其形状比较特殊,通常用 35CrMnSi 钢制成,圆环链缠绕链轮上后,平环链棒料中心所在圆称为节圆（其直径为 D_0）,各中心点的连线在节圆内构成了一个内接多边形。若链轮齿数为 Z,则内接多边形边数为 $2Z$,边长分别为 $(t+d)$ 和 $(t-d)$。故链轮旋转一圈,绕入的圆环链长度为:

$$Z(t+d) + Z(t-d) = 2Zt$$

因此链牵引采煤机的平均牵引速度为:

$$v_{\mathrm{q}} = \frac{2Ztn_1}{1\ 000}$$

式中　v_{q}——牵引速度,m/min;

　　　Z——链轮齿数;

　　　t——圆环链节距,mm;

n_1——链轮转速,r/min。

链牵引的缺点是牵引速度不均匀,致使采煤机负载不平稳。牵引速度的变化如图 8-10 所示,齿数越小,速度波动越大。主动链轮的齿数一般为 5~8 个。

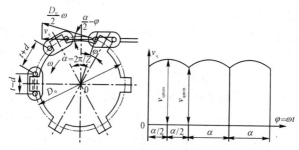

图 8-10　链轮及其链速变化

(3) 紧链装置

通常牵引链通过紧链装置固定在输送机两端。紧链装置产生的初拉力可使牵引链拉紧,并可缓和因紧边链转移到松边时弹性收缩而增大紧边的张力。常用的紧链装置有以下两种:

① 弹簧紧链器

这种紧链装置为一弹簧筒,它固定在输送机两端。如图 8-11(a)所示,牵引链 1 经导向轮 2 固定在弹簧 3 的一端,可利用弹簧的预压缩量产生预紧力。紧链时,使采煤机位于工作面一端〔如图 8-11(b)的 A 端〕,将滚筒顶在煤壁上,然后开动牵引部使紧

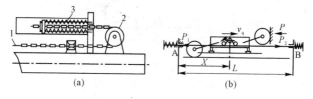

图 8-11　弹簧紧链器原理

1——牵引链;2——导向轮;3——弹簧

边拉紧。此时,B 端弹簧完全压缩,且紧边链有较大的弹性伸长量。再将 A 端弹簧预压到预紧力(约 30～50 kN),采煤机即可开始工作。随着采煤机向 B 端移动,紧边的弹性伸长量向松边转移,使松边拉力加大,但因有弹性补偿,拉力增加较慢。

② 液压紧链器

液压紧链器[图 8-12(a)]是利用支架泵站的乳化液工作的。高压液经截止阀 4、减压阀 5、单向阀 6 进入紧链缸 3,使连接活塞杆端的导向轮 2 伸出而张紧牵引链,其预紧力为活塞推力的一半。紧链方法与弹簧紧链器相同,只是将紧边液压缸活塞全部收缩,松边液压缸使牵引链达到预紧力[图 8-12(b)],紧边因拉力大而有很大的弹性伸长量,随着机器向右移动,紧边的弹性伸长量逐渐转向松边,使松边拉力大于预紧力。一旦拉力大到使液压缸内的压力超过安全阀 7 的调定压力 P_2 时,安全阀开启,从而使松边链保持恒定的初拉力 P_0。

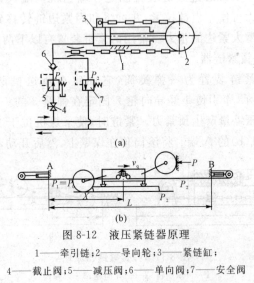

图 8-12　液压紧链器原理

1——牵引链;2——导向轮;3——紧链缸;

4——截止阀;5——减压阀;6——单向阀;7——安全阀

$$P_0 = \frac{1}{2} P_2 \frac{\pi}{4} D_2$$

式中　D——液压缸缸体直径,mm;

　　　P_2——安全阀调定压力,MPa。

调节安全阀压力 P_0,可使初拉力达到 $30\sim60$ kN。液压紧链器的优点是松边拉力恒为常数($P_2 = P_1$)从而紧边拉力($P_2 = P_0 + P$)也能维持较稳定的数值。

2. 无链牵引机构

采煤机向大功率、重型化和大倾角方向发展以后,链牵引机构已不能满足需要。因此从 20 世纪 70 年代开始,链牵引机构已逐渐减少,无链牵引机构得到了很大发展。

无链牵引机构取消了固定在工作面两端的牵引链,以采煤机牵引部的驱动轮或再经中间轮与设在输送机槽帮上的齿轨相啮合,从而使采煤机沿工作面移动。无链牵引的结构型式很多。

① 齿轮-销轨型

这种无链牵引机构是以采煤机牵引部的驱动齿轮经中间齿轨轮与铺设在输送机上的圆柱销排式齿轨(即销轨)相啮合使采煤机移动,如图 8-13 所示。驱动轮的齿形为圆弧曲线,中间轮则

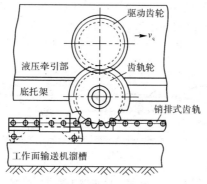

图 8-13　销轨型无链牵机构

为摆线齿轮。销轨由圆柱销(直径 55 mm)与两侧厚钢板焊成节段(销子节距 125 mm),每节销轨长度是输送机中部槽长度的一半(750 mm),销轨接口与溜槽接口相互错开。当相邻溜槽的偏转角为 α 时,相邻齿轨的偏转角只有 $\alpha/2$,以保证齿轮—销轨的啮合,如图 8-14 所示。MXA-300 型采煤机采用两个这种牵引机构。

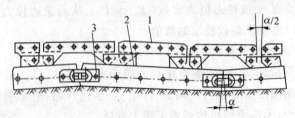

图 8-14 销排型销轨及其安装
1——销轨;2——销轨座;3——输送机溜槽

② 滚轮齿轨型

这种无链牵引机构(图 8-15)由装在底托架内的两个牵引传动箱分别驱动两个滚轮(即销轮),滚轮与固定在输送机上的齿条式齿轨相啮合而使采煤机移动。滚轮由 5 个直径为 100 mm 的圆柱销组成。牵引部主泵经两个液压马达分别驱动牵引传动箱。这种牵引机构的牵引力大,可用于大倾角煤层工作。MG-300 和 AM-500 型采煤机都采用这种牵引机构。

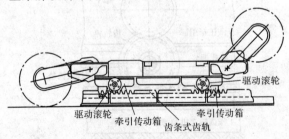

图 8-15 滚轮—齿轨型无链牵引机构

③ 链轮链轨型

图 8-16 所示的这种牵引机构由牵引部传动装置 1 的驱动链轮 2,与设在输送机采空侧挡板 5 内的圆环链 3 相啮合而移动采煤机。与链轮同轴的导向滚轮 6 支承在链轨架 4 上,用以导向。底托架 7 两侧用卡板卡在输送机相应槽内定位。这种牵引机构因采用了挠性好的圆环链作齿轨,允许输送机溜槽在垂直面内偏转 6°、水平偏转 1.5°而仍能正常啮合,故适合在底板起伏大并有断层的煤层条件下工作,是一种有发展前途的无链牵引机构。已用于 EDW-300L、LS 等型采煤机。

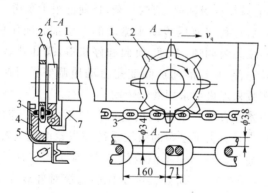

图 8-16　链轮链轨型无链牵引机构

1——传动装置;2——驱动链轮;3——圆环链;

4——链轨架;5——挡板;6——导向滚轮;7——底托架

无链牵引机构具有以下优点:

(1)采煤机移动平稳,振动小,减少了故障率,延长了机器使用寿命;

(2)可采用多牵引,使牵引力提高到 400~600 kN 以适应在大倾角(最大达 54°)条件下工作(但应有可靠的制动器);

(3)可实现工作面多台采煤机同时工作,以提高产量;

(4)消除了断链事故,增大了安全性。

无链牵引的缺点是：对输送机的弯曲和起伏不平要求高，输送机的弯曲段较长（约 15 m），对煤层地质条件变化的适应性差；此外，无链牵引机构使机道宽度增加约 100 mm，加长了支架的控顶距离。

3. 牵引部传动装置的类型

牵引部传动装置的功用是将采煤机电动机的动力传到主动链轮或驱动轮并实现调速。现有牵引部传动装置按传动形式可分为 3 类：机械牵引、液压牵引和电牵引。

机械牵引是指全部采用机械传动装置的牵引部。其特点是工作可靠，但只能有级调速，结构复杂，目前已很少采用。

液压牵引是利用液压传动来驱动的牵引部。液压传动的牵引部可以实现无级调速、变速、换向和停机等，操作比较方便，保护系统比较完善，并且能随负载变化自动地调节牵引速度，因此目前绝大多数采煤机都采用液压传动。

电牵引是指直接对电动机调速以获得不同牵引速度的牵引部。它的优点是省去了复杂的液压系统和齿轮变速装置，使牵引部传动大大简化。电牵引不但故障减少，维护工作简单，传动效率提高，机身长度缩短，而且其电子控制系统对外载变化的反应灵敏，能自动调速，当超载严重时，还能立即反向牵引。电牵引是近几年发展起来的新颖的牵引部传动形式，也是牵引部的发展方向。

（五）采煤机辅助装置

1. 调高和调斜装置

为了适应煤层厚度的变化，在煤层高度范围内上下调整滚筒位置称为调高。为了使下滚筒能适应底板沿煤层走向的起伏不平，使采煤机机身绕其纵轴摆动，称为调斜。

调斜通常用底托架下靠采空侧的两个支承滑靴上的液压缸来实现。

采煤机调高有摇臂调高和机身调高两种类型,它们都是靠调高液压缸(千斤顶)来实现的。用摇臂调高时,大多数调高千斤顶装在采煤机底托架内,通过小摇臂与摇臂轴使摇臂升降;也有将调高千斤顶放在端部或截割部固定减速箱内的。用机身调高时,调高千斤顶有安装在机身上部的,也有安装在机身下面的。

2. 喷雾降尘装置

喷雾降尘是用喷嘴把压力水高度扩散,使其雾化,形成将粉尘源与外界隔离的水幕。雾化水能拦截飞扬的粉尘而使其沉降,并有冲淡瓦斯、冷却截齿、湿润煤层和防止截割火花等作用。

喷嘴装在滚筒叶片上,将水从滚筒里向截齿喷射,称为内喷雾;喷嘴装在采煤机机身上,将水从滚筒外向滚筒及煤层喷射,称为外喷雾。内喷雾时,喷嘴离截齿近,可以对着截齿前面喷射,把粉尘扑灭在刚刚生成还没有扩散阶段,降尘效果好,耗水量小。但供水管要通过滚筒轴和滚筒,需要可靠的回转密封,喷嘴也容易堵塞和损坏。外喷雾的喷嘴离粉尘较远,粉尘容易扩散,并且耗水量较大,但供水系统的密封和维护比较容易。

喷嘴是喷雾系统的关键元件,要求其雾化质量好,喷射范围大,耗水量小,尺寸小,不易堵塞和拆装方便。

MLS$_3$-170 型采煤机喷雾冷却系统如图 8-17 所示。其供水由喷雾泵站沿顺槽管路、工作面拖移软管接入,经截止阀、过滤器及水分配器分配成四路:1、4 路供左、右截割部内、外喷雾;2 路供牵引部冷却及外喷雾;3 路供电动机冷却及外喷雾。

3. 防滑装置

骑在输送机上工作的采煤机,当煤层倾角大于 10°时,就有下滑的危险。特别是链牵引采煤机上行工作时,一旦断链,就会造成机器下滑的重大事故。因此《煤矿安全规程》规定,当煤层倾角大于 10°时,采煤机应设防滑装置。常用防滑装置有防滑杆、制动器、液压安全绞车等。

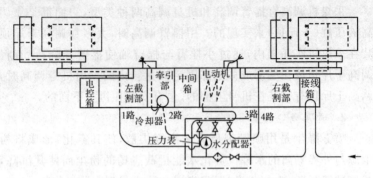

图 8-17　　MLS₃－170 型采煤机喷雾冷却系统

最简单的防滑方法是在采煤机下面顺着煤层倾斜向下的方向设防滑杆,它可利用手把操纵,采煤机上行采煤时将防滑杆下行。这样万一断链下滑,防滑杆即插在刮板链上,只要及时停止输送机,即可防止机器下滑。下行采煤时将防滑杆抬起。这种装置只用于中、小型采煤机。

在无链牵引中,可用设在牵引部液压马达输出轴上的圆盘摩擦片式液压制动器,代替设于上顺槽的液压安全绞车,防止停机时采煤机下滑。这种制动器已用于 MXA-300 等型采煤机,效果良好。

液压制动器结构如图 8-18 所示。内摩擦片 6 装在马达轴的花键槽中,外摩擦片 5 通过花键套在离合器外壳 4 的槽中。内、外摩擦片相间安装,并靠活塞 3 中的预压弹簧 7 压紧。弹簧的压力是使摩擦片在干摩擦情况下产生足够大的制动力防止机器下滑。当控制油由 B 口进入液压缸时,活塞 3 压缩弹簧 7 而右移,使摩擦离合器松开,采煤机即可牵引。

YAJ 系列液压安全绞车是专门为链牵引采煤机在较大倾角工作面工作时作安全防滑用的,其中 YAJ-13 型绞车主要配合轻型采煤机(机器质量 6 t 以下)工作,可用于倾角 45°以下的煤层;

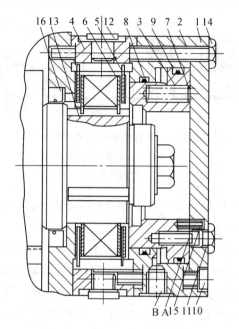

图 8-18　液压制动器

1——端盖；2——液压缸体；3——活塞；4——离合器外壳；

5——外摩擦片；6——内摩擦片；7——弹簧；8、9——密封圈；10——螺钉；

11、12——丝堵；13——马达轴；14——螺钉；15——定位销；16——油封

YAJ-22 型绞车主要配合中型采煤机(机器质量 21.6 t)工作，适用于倾角 31°的煤层。

　　YAJ 系列绞车(图 8-19)由绞车 1，泵站 2，前、后柱脚 3、4，及导绳装置 5 等组成。工作时 4 根支柱支撑在前、后柱脚上，使绞车锚固。导绳装置固定在工作面输送机机尾 6 上。绞车钢绳的出绳方向必须与滚筒轴垂直，以保证正确缠绕。钢绳绕过导绳滑轮装置固定到采煤机上。

　　也可以根据巷道断面尺寸，把绞车和泵分开安装。这时，前后柱脚都要安装在绞车上，并用支柱锚固，泵站不必专门锚固。

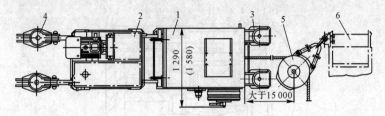

图 8-19　YAJ 系列液压安全绞车

1——绞车;2——泵站;3——前柱角;

4——后柱角;5——导绳装置;6——输送机机尾

　　防滑绞车应锚固在顺槽比较平整的地点,离工作面距离不小于 15 m,支柱向前方倾斜 10°为宜。

　　YAJ 系列绞车是由液压泵—液压马达驱动的,其液压系统如图 8-20 所示。该系统为正转开式、反转闭式系统。液压泵 2 为恒压变量泵,它排出的高压油单向阀 3 及换向阀 9 进入内曲线马达 10,以驱动绞车的卷筒 11。高压安全阀(调定压力为 13 MPa)用作高压限压保护。马达的回油经换向阀及低压溢流阀 6(调定压力为 0.3～0.5 MPa)回油箱。

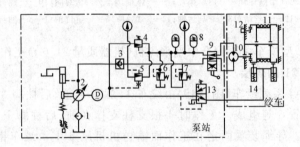

图 8-20　YAJ 系列绞车液压系统

1——滤油器;2——液压泵;3——单向阀;4——减压阀;

5——压力阀;6——低压溢流阀;7——高压安全阀;8——蓄能器;9——换向阀;

10——马达;11——卷筒;12——离心限速开关;13——制动阀;14——制动液压缸

4. 电缆拖移装置

采煤机上、下采煤时，需要收、放电缆和水管。通常把电缆和水管装在电缆夹里，由采煤机拖着一起移动。电缆夹由框形链环用铆钉连接而成，各段之间用销轴连接，链环朝采空区侧是开口的，电缆和水管从开口放入并用挡销挡住。电缆夹的一端用一个可回转的弯头固定在采煤机的电气接线箱上。

为了改善靠近采煤机机身这一段电缆夹的受力情况，在电缆夹的开口一边装有一条节距相同的板式链，使链环不致发生侧向弯曲或扭绞。

第二节　采煤工作面顶板事故的防治

顶板事故是煤矿五大自然灾害之一。我国煤矿工作面顶板伤亡事故占煤矿伤亡事故的比例较大，其中绝大多数发生在采煤工作面。据统计，冒顶事故总数占井下事故的 1/2。据统计资料证明，采煤工作面每年因顶板事故而影响的产量变化在 5%～10% 之间。认识、控制煤层顶板和预防顶板事故的发生是煤矿安全工作的重要内容。因此有必要深入地总结和分析常见顶板事故的原因和条件，认真地研究预防顶板事故发生的办法。

一、煤层的顶板

煤层上面的岩层叫顶板。根据顶板的坚硬程度（垮落的难易程度）及距煤层的距离，可把煤层顶板分为三层。

1. 伪顶

伪顶是在煤层之上、紧贴煤层的一层松软岩层，一般厚度为 0.3～0.5 m。当煤层被采落时，伪顶也同时下落，落入煤中，影响煤质。

2. 直接顶

直接顶是位于伪顶或煤层的顶板，它具有一定的稳定性。工作面煤层被采落时,直接顶不会立即垮落,而是要在工作面悬露一定的时间才垮落。直接顶是采掘工作面支护的对象,如果支护好,就不会冒顶,否则会造成冒顶事故。

3. 基本顶

直接顶是在直接顶上方的岩层,一般由坚硬岩层组成。基本顶在采空区上方悬露一定的面积后才能垮落。基本顶垮落后会给采煤工作面带来很大的压力,如果工作面支护不好,就会发生大面积冒顶伤人事故。

二、易发生冒顶的地点

(一)采煤工作面易冒顶的地点

采煤工作面易发生冒顶的地点可概括为"一道、一线、两出口"。

"一道":是指采煤工作面机道。机道上方支护力相对较小,加之若煤壁片帮及破煤后顶板支护不及时,顶板失去控制,极易发生局部冒顶。如果局部冒顶不及时处理,还会发生大面积的冒顶。

"一线":是指采煤工作面放顶线。在采煤工作面放顶线处,顶板易破碎,顶板压力也最大。在回柱放顶过程中,由于压力的重新分布,在回收支柱时,易发生顶板事故。

"两出口":是指采煤工作面的两个安全出口。在采煤工作面安全出口前后 10 m 范围之内,由于应力集中,压力很大,加之控制面积大、顶板破碎,发生冒顶的次数最多。

(二)掘进工作面冒顶的地点

掘进工作面易冒顶的地点在掘进工作面处。由于打眼、爆破工作对顶板振动破坏大、爆破后来不及支护、爆破打倒支护棚子等都易造成冒顶。另外,不采用前梁支架、不敲帮问顶而空顶作业也会发生冒顶事故。

三、常见冒顶事故的预兆

(一)局部冒顶预兆

(1)工作面遇小地质构造,由于构造破坏了岩层的完整性,容易发生局部冒顶。

（2）顶板裂隙张开、裂隙增多，敲帮问顶时声音不正常。

（3）顶板裂隙内卡有活矸，并有掉碴、掉矸现象，掉大块矸石前往往先落小块矸石。

（4）煤层与顶板接触面上，极薄的矸石片不断脱落，这说明劈理（即顶板的节理、裂隙和摩擦滑动面）张开，有冒顶的可能。

（5）淋头水分离顶板劈理，常由于支护不及时而冒顶。

（二）大型冒顶的预兆

1. 顶板的预兆

顶板连续发生断裂、掉碴，顶板裂缝增加或裂隙张开、脱层。

2. 煤壁预兆

由于冒顶前压力增加，煤壁受压后，媒质变软，片帮增多，使用电钻打眼时，钻眼省力，用采煤机割煤时负荷减少。

3. 支架的预兆

使用单体液压支柱时，大量支柱的安全阀自动放液，损坏的支柱比平时大量增加。工作面使用铰接顶梁时，损坏的顶梁比平时大量增加，大量的扁销子被挤出。底板松软或底板留有底夹石，丢底煤时，支柱会大量被压入底板。

4. 工作面其他预兆

含有瓦斯的煤层，冒顶前瓦斯涌出量突然增大，有淋水的顶板，淋水量增加。

工作面顶板事故发生的原因不外乎两个方面：一是对采场顶板、底板情况及活动规律（包括可能运动的范围、方向及时间）不够清楚；二是缺乏针对性的控制措施。只要能用正确的理论和手段实现对顶板的监测，掌握顶板情况及其活动规律，并提前采取针对性的控制措施，把顶板控制建立在科学的基础上，绝大部分事故是可以避免的。

四、局部冒顶事故的防治

据统计,采煤工作面冒顶事故中,局部冒顶事故约占 70%。由于这类事故范围较小,有时仅为 1～2 架或 3～5 架支架的范围,每次伤亡为 1～2 人,因而没有引起人们的足够重视。

局部冒顶的原因有两类:一类是由于直接顶被破坏后失去有效的支护而造成局部冒落;另一类是老顶下沉迫使直接顶破坏工作面支架而造成局部冒顶。

从事故发生的地点来看,局部冒顶可分为靠近煤壁附近的局部冒顶、上下出口局部冒顶、回柱放顶线附近的局部冒顶和断层带附近的局部冒顶。

(一) 靠近煤壁附近的局部冒顶

由于原生裂隙及采动影响,在一些煤层的直接顶中,有两组相交的裂隙,容易形成所谓"草帽花"、"锅底面"、"驴槽面"等游离岩块的镶嵌型顶板,如图 8-21 所示。由于受采煤机割煤或放炮落煤震动的影响,如支护不及时,直接顶中的游离岩块或破碎顶板将冒落伤人,造成局部冒顶事故。当采用爆破法采煤时,如炮眼的角度布置不恰当,就有可能在放炮时崩倒支架而导致局部冒顶。当基本顶来压时,煤层本身强度低,煤质软,易片帮,扩大了无支护空间,也可能导致局部冒顶。

游离岩块

图 8-21　顶板中游离岩块

防止靠近煤壁附近的局部冒顶的措施有以下几点:

（1）采用能及时支护悬露顶板的支架，如横板连锁棚子、正悬臂交错金属顶梁支架、正倒悬臂梁支架和贴帮支柱等。

（2）在架设支架前必须敲帮问顶，以防落矸伤人，严禁工人在无支护空顶区内进行操作。

（3）炮采时，炮眼布置及装药量应合理，尽可能避免崩倒支柱。

（4）工作面采用液压控制的滑移顶梁支护。

（5）尽量使工作面与煤层的主节理方向垂直或斜交，避免煤壁片帮。一旦煤壁片帮，应及时掏梁窝超前支护，防止冒顶。

（6）综采时，对破碎直接顶可注入树脂黏结剂，使顶板固化，以防冒顶发生。

（二）上下出口局部冒顶

上下出口位于采煤工作面与巷道交接处，控制范围较大，掘进巷道时，因巷道支架初撑力一般都很小，直接顶易下沉、松动，甚至破碎。当直接顶是由薄及软弱岩层组成时，更易松动破碎。上下出口处经常要进行工作面输送机头、机尾的拆卸、安装和移溜等工作，就在旧柱拆下、新柱尚未支上的时候，已破碎的顶板有可能冒落造成局部冒顶事故。此外，上下出口处直接顶中若存在与层面斜交的裂隙组，在基本顶急剧下沉的作用下，直接顶作用在支柱上的力不仅有垂直压力而且还有侧压力，可能推倒部分支柱，造成局部冒顶事故。要支护好上下出口，必须采取有效的防止局部冒顶的措施。

（1）支架必须有足够的支撑力，不仅要支撑松动、易冒落的直接顶，还要支撑基本顶来压时造成的压力。

（2）支护系统必须始终没有发生局部冒落的"空档"。

（3）支护系统要具有一定的侧向抗力，防止基本顶来压时推倒支架。

十字顶梁、四对八梁支护系统能较好地满足上述 3 个条件，因而是防治上下出口局部冒顶较理想的支护措施。

（三）放顶线附近的局部冒顶

放顶线上的支柱受力不可能都一样，当人工回撤受压较大的支柱时，往往柱子一卸压顶板就会冒落下来。如果回柱工人未能及时迅速地退到安全地点，就有可能被冒落的矸石砸伤而造成事故。在分段回柱到最后一根"吃劲"柱子时，最容易发生冒顶事故。当顶板中存在由断层、裂隙、层理等形成的大块游离岩块时，回柱后这些游离岩块就会发生旋转，推倒工作面支架而发生局部冒顶，如图8-22所示。在金属网人工顶板下回柱放顶时，若网上有大块游离岩块，也会因游离岩块的滚滑推垮支架造成局部冒顶。

图8-22 顶板中游离岩块旋转推倒支架

预防回柱放顶线附近的局部冒顶的主要措施有：

（1）加强地质观察工作，记载大块岩块的位置及尺寸。

（2）如果工作面采用的金属摩擦支柱支护，可在这些支柱上各支一根木支柱作为替柱，然后回撤金属支柱，最后用绞车回撤木支柱。

（3）为了防止直接顶中或金属网上大块游离岩块在回柱时旋转而推倒工作面支架，造成冒顶事故，如图8-22顶板中游离岩块旋转推倒支架，应在大岩块下采用打木垛等特殊支护手段加强支护。当大岩块长度沿走向超过一次放顶步距时，要加大控顶距，当大岩块全部处于放顶线以外时，再用绞车回撤支柱。

（4）在放顶线上架设具有液压操纵移置的切顶支架，也能防止大块游离岩块旋转推倒支架的冒顶事故。尤其是当采空区悬顶时，效果更加明显。

（四）断层带附近的局部冒顶

断层带附近往往顶板裂隙发育、破碎。断层面间多含有层状或泥状物，断层面间比较光滑，上、下盘的岩石无黏结力，当断层面存在导水裂隙时，彼此分离更加严重。所以，断层带附近时常发生局部冒顶，因此必须加强对断层带附近的顶板控制。

1. 过断层的方法

如果断层落差小于采高的 1/3、断层附近顶板较为完整时，工作面可以硬推过断层。

对于断层落差不太大、能推过工作面输送机时，可采用挑顶挖底或用顶柱支撑过断层的方法，如图 8-23 所示。遇到走向断层且影响范围较小的可直接过断层；遇到倾斜断层且范围较大的可调整工作面的方向，使其与断层斜交逐步推过。

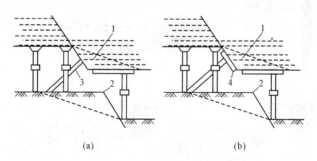

图 8-23　用挑顶挖底或顶柱支撑过断层
1——挑顶；2——挖底；3——顶柱；4——托板

当工作面遇到断层落差较大、影响范围也较大时，可开探巷探明断层的范围，绕道断层带，采用另掘进开切眼或补巷过断层。图 8-24 所示为补巷过断层方法。

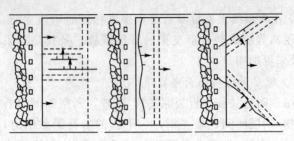

图 8-24　补巷过断层的方法

2. 过断层常用的支护方法

当断层的落差较小，顶板、底板或断层面比较平整，而且断层带附近顶板不破碎时，一般可用带帽点柱、棚子支护等支护方式。当断层附近的顶板较破碎时，顶板压力较大，可以采用一梁二柱或一梁三柱的棚子，并将断层带支护好，以防冒顶。棚子与棚子要连成整体，顶板与棚梁之间要刹紧背实，如图 8-25(a) 所示。

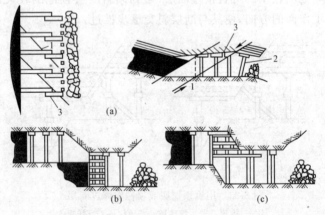

图 8-25　过断层常见的支护方法

(a) 用帽柱和棚子过断层；(b) 留煤柱打挡板过断层；(c) 超前托梁上打木垛过断层

1——断层带；2——帽柱；3——连锁棚子

当工作面遇到较大的断层，且采高在 2.5～3.0 m 时，打垂直顶板的支柱有困难，可以留底煤，在底煤上铺底梁，再在底梁上架设支柱。底煤的侧面用拦板或笆片挡好，以防底煤塌落，并可在挡板或笆片外面加打木垛，如图 8-25（b）所示。如不留底煤，可先打超前托梁，然后由下向上架好木垛，如图 8-25（c）所示。

（五）陷落柱附近的局部冒顶

过陷落柱的方法和过断层一样，可以绕过，也可以硬过。采取硬过的方法时，根据陷落柱破碎程度的差别，可采用套棚、木垛过陷落柱，如图 8-26 所示。

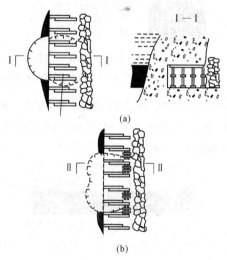

图 8-26　过陷落柱的方法

（a）用套棚过陷落柱；（b）用木垛过陷落柱

五、大型冒顶事故的防治

（一）复合顶板推垮型冒顶事故的防治

1. 复合顶板的概念

复合顶板的一般特征是下软上硬。下部软岩层一般是泥岩、页岩、砂页岩，上部硬岩层一般是中粒砂岩、细粒砂岩、火成岩等，在软硬岩层之间存在有弱面和光滑面,黏结力很小,极易分离。下部软岩层的厚度一般大于 0.5 m,但小于 2 m。当采煤工作面向前推进后,松软顶板的下沉与坚硬顶板的下沉不同步,因此软硬岩层之间发生了离层,特别是在支架的初撑力很小时,离层现象更为突出,如图 8-27 所示。

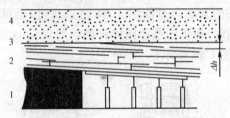

图 8-27　复合顶板的岩性和结构

1——煤层;2——软顶;3——薄弱面(煤线或 软泥岩光滑面);4——硬顶

图 8-28 是由于冲刷而造成的复合顶板,原为一种岩性变为两种不同的岩性,两层的层理分明,中间夹有薄弱煤岩或光滑面,使原来的非复合顶板变为现在的复合型顶板。

图 8-28　由非复合顶板变为复合顶板

1——煤层;2——硬顶板;3——薄弱面;4——软顶板

图 8-29 所示为断层形成的复合型顶板,在倾角较小、水平断距很大的断层作用下,会出现不同类型的复合型顶板。

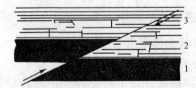

图 8-29　由断层形成的复合型顶板

1——煤层;2、3——断层下盘顶板变为复合型顶板

图 8-30 所示为与不可采煤层构成的复合型顶板。在近距离煤层群中，上一层煤的厚度由厚变薄、由可采变为不可采，而且直接顶较硬；下一煤层顶板比较软，与上层煤及上层煤顶板构成复合型顶板。

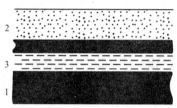

图 8-30　下煤层的顶板与煤层构成复合型顶板

1——煤层；2——顶板的主节理面（充填钙物质）

图 8-31 所示为顶板沿节理面离层构成的复合型顶板，顶板岩石的主要节理面倾斜方向与工作面推进方向一致，由于顶板悬露时间不同，节理面两侧的顶板下沉值不一样，沿节理面会产生离层现象，从而构成复合型顶板。由此可以看出，下部的软岩层，可能由一层以上不同岩性的岩层所组成，也可能是由层理比较发育的岩层组成。当采用倾斜分层下行垮落法开采厚煤层时，再生顶板内下部软岩层的厚度为 0.5～2.0 m 之间，其上为较硬岩层或挤住的断裂岩块，上下岩层之间的黏结性不大，则在开采下分层时，下分层可能处于再生的复合型顶板之下。

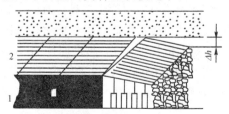

图 8-31　顶板沿节理面离层构成的复合型顶板

1——煤层；2——与不可采煤层构成复合型顶板；3——硬顶板

　　2. 复合顶板推垮型冒顶的特点

　　(1)冒顶前,顶板压力不大,支架几乎没有变形、损坏,活柱压缩量不大。

　　(2)在大多数情况下,冒顶前采煤工作面直接顶已沿煤壁断裂。

　　(3)冒顶后,支柱只是多数沿煤层倾斜方向向下倾倒,也有可能向采空区或煤壁倾倒,但一般没有折损。

　　(4)冒顶后,上部硬岩层大面积悬露而不垮落,个别情况下,冒落几块大岩石。

　　(5)冒顶在任何工序都可能发生。

　　(6)冒顶多数发生在开切眼附近区域。

　　(7)在大多数情况下,冒顶前无明显征兆,冒顶发生时速度快、强度大、来势凶猛。有时冒顶前也有一些征兆,能发现靠近采空区支柱向下倾斜,沿煤壁及沿采空区边缘的顶板出现掉碴等现象。

　　3. 复合顶板推垮型冒顶的机理

　　复合顶板发生推垮型冒顶,必须具备以下几个条件:

　　(1)离层。由于支架的初撑力小,支架插入松软底板或浮煤内,木靴被压缩,在顶板上位软岩层作用下,支架下缩或下沉,而顶板上位硬岩层并未下沉或下沉速度比下位软岩层缓慢,使软硬岩层下沉不同步,导致了软岩层产生离层,如图8-32所示。

　　(2)断裂。在原生裂隙、构造裂隙和采动裂隙作用下,顶板下位岩层形成一个六面体(图8-32)。此六面体 $aa'bb'cc'dd'$ 与上位硬岩层脱离,四周与原岩层断开或以采空区为邻,下面由单体支架支撑,如果没有约束,此六面体连同支撑它的单体支架将处于不稳定状态。

　　(3)去路与推力。当六面体大岩块周围、采空区侧或沿倾斜方向下侧有一个自由空间时,这个六面体大岩块就有了去处。在六面体大岩块去处方向具有一定的倾角时,这个六面体大岩块在自重力作用下就有了朝去处方向的去路和推力。

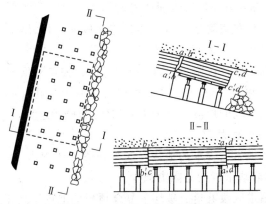

图 8-32　下位软岩层离层断裂

(4)推力大于阻力。假设下侧有自由空间,而六面体岩块就有了沿倾斜方向向下的推力。六面体岩块下滑时,岩层断裂面将产生阻止下滑的摩擦阻力;采空区充满碎矸时,也将产生阻止六面体岩块下滑的摩擦阻力;上侧断裂面岩层尚未完全断裂时,有阻止六面体岩块下滑的向上的拉力。只有当六面体大岩块向下滑动的推力大于阻止其下滑的总阻力时,才发生推垮型冒顶。

(5)诱发因素。通过上述的分析,摩擦总阻力是由岩层和碎矸夹紧六面体岩块而产生的,而且夹得越紧,摩擦阻力就越大。如果发生震动,六面体岩块就会产生错动,则夹紧力就要减少,摩擦阻力也将减少,就有可能出现岩块下滑的推力大于总摩擦阻力,引起推垮型冒顶事故。采煤工作面放炮、采煤机割煤、支设支架、回柱放顶等工序,以及岩块自身的下滑运动,都会不同程度地产生震动,从而诱发推垮型事故的发生。

4. 工作面容易发生推垮型冒顶的地点

(1)开切眼附近。开切眼附近顶板上位硬岩层呈双支梁状态,不易下沉;下部软岩层易下沉,产生离层现象。

(2)地质破碎带附近。地质破碎带附近顶板有不同程度的破坏,顶板下部软岩层形成六面体岩块。

(3)废弃巷道附近。因废弃巷道顶板的破坏,增加了在顶板岩层中形成六面体岩块的可能性。

(4)局部冒顶区附近。这些地点存在"去路",增加了产生六面体岩块的可能性,也减少了六面体岩块下滑的阻力。

(5)倾角大的地段。由于重力的作用,倾角越大,六面体岩块下滑的推力也越大。

(6)顶板岩层含水的地段。这些地段由于含水,摩擦系数降低,六面体岩块下滑的总阻力减少。

(7)掘进区段巷道时破坏了复合顶板的地点。破坏了运输巷道的复合顶板,则给六面体岩块创造了去路;破坏了回风巷道的复合顶板,则增加了产生六面体岩块的可能性,同时又减少了已产生六面体向下推进的阻力。

5. 防止复合顶板推垮型冒顶的措施

(1)提高单体支柱的初撑力和刚度。由于支架的初撑力小、刚度差,导致复合顶板离层,致使工作面支架不稳,从而造成工作面推垮型冒顶事故的发生。因此,必须提高单体支柱的初撑力及刚度,使初撑力不仅能支撑住下位软岩层,而且能使软岩层贴紧硬岩层,阻止软岩层的分离,提高支架本身的稳定性。实践证明,外注式单体液压支柱初撑力约为70~80 kN/根,在复合顶板条件下,采煤工作面使用单体液压支柱支护,基本上可以防止推垮型冒顶事故的发生。

(2)采用"整体支架"。在采用金属摩擦支柱和金属铰接顶梁支护的工作面中,用拉钩式连接器把每排支柱从工作面上端至下端连接起来,在走向方向支架由铰接顶梁连成一体,在工作面中就组成了一个稳定的、可以防止大岩块推倒的"整体支架",如

图 8-33所示。

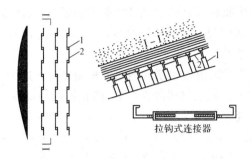

图 8-33　拉钩式连接器组成"整体支架"

1——金属支架；2——拉钩式连接器

（3）应用伪斜工作面。应用伪斜工作面并使垂直工作面方向的向下倾角达 4°～6°，这个措施的目的是为了使六面体岩块只能沿工作面下侧推移，而且防止推移的摩擦阻力较大。

（4）工作面要正向推进，不要反向推进。如图 8-34 所示，工作面从开切眼向左推进。因工作面后方煤柱过宽，为了提高采出率，减少煤柱损失，可在初采时反向推进几排。若工作面的顶板为复合顶板，开切眼处的顶板已离层断裂，当在反向推进范围内初次放顶时，很容易在原开切眼处诱发推垮型冒顶。

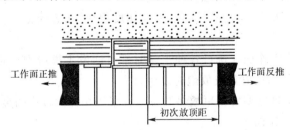

图 8-34　工作面初采时反向推进和正面推进

（5）严格控制采高。在开采厚煤层第一分层时，要控制采高，使直接顶冒落后的破碎矸石能充满采空区，这样可以阻止冒落矸石大块滑动。

（6）利用戗柱（斜撑柱）、戗棚（斜撑抬棚）。灵活运用戗柱、戗棚，使戗柱、戗棚迎着六面体岩块可能下滑的方向，从而阻止六面体岩块向下推移。

（7）在开切眼附近控顶区内布置树脂锚杆。这个方法可将下位软岩层与上位硬岩层锚固在一起，阻止推垮型冒顶。

（8）尽量避免区段巷道与工作面斜交。当区段巷道与工作面斜交时，区段平巷附近的上位硬岩层支承条件较好，不易下沉，增加了下位软岩层离层的可能性，不利于阻止推垮型冒顶。

（二）金属网下推垮型冒顶的防治

1. 金属网下推垮型冒顶的特点

（1）冒顶多数发生在初次放顶前或进行初次放顶过程中。

（2）冒顶多数是无征兆的突然推垮，少数工作面有一些征兆（如发现支柱向下倾斜）。

（3）推垮前支柱受力一般都不大。

（4）推垮后支柱多数是沿倾斜方向被推倒，也有的向采空区方向推倒，没有被压断、折损。

（5）推垮型冒顶发生后，上位断裂的大块硬岩大面积悬露，只有少数工作面上位岩层掉落几块。

（6）发生推垮型冒顶时，多数速度很快，来势凶猛，人力无法抗拒。

（7）工作面在进行各种工序时都可能发生推垮型冒顶，但多数在进行回柱放顶或放炮时发生。

（8）推垮型冒顶事故多数发生在采用初撑力较小的金属摩擦支柱的工作面。

（9）发生推垮型冒顶的工作面倾角都比较大，一般在 $20°$ 以上。

2. 金属网下推垮型冒顶的原因

（1）由于第一分层直接顶板冒落下来的矸石不能充满采空区，金属网上的破碎矸石与老顶之间有空隙，这样工作面金属网下支柱受力较小，稳定性较差。

（2）由于煤层倾角较大（22°～35°），在放炮、回柱放顶等工序的影响下，金属网上碎矸石倾斜下滑，带动支柱往下倾倒，使有些支柱由迎山变为反山。这些支柱逐渐失去支撑力和稳定性，致使上部支架也逐渐失稳，部分兜住碎矸的金属网带着矸石具有愈来愈大的向下推力，最后导致推垮型冒顶的发生。

（3）即使直接顶破碎后能充满采空区，但没有注浆胶结，破碎的岩石不能形成整体。网下金属支柱初撑力小，刚度也小，稳定性较差。网上的碎矸有向下的倾斜推力，导致网上破碎岩石与基本顶硬岩层大块离层，导致发生大面积冒顶事故。

3. 预防金属网下推垮型冒顶的措施

（1）用提高支柱初撑力和刚度的方法来增加支架稳定性。有条件的矿区应采用液压支架进行支护，既提高初撑力，又增加了稳定性。或尽可能地采用单体液压支柱代替摩擦式金属支柱，以提高支架的初撑力。

（2）采用"整体支架"增加支架的稳定性。不仅可以用金属摩擦支柱、铰接顶梁加拉钩式连接器的"整体支架"，也可以用金属支柱、十字顶梁的"整体支架"。目前，也有使用拉钩式连接器、工作面单体液压支柱的"整体支架"。

（3）采用伪俯斜工作面，旨在增加抵抗下推的阻力。

（4）初次放顶时，要保证抱金属网放到底板。如开切眼内错式布置的分层工作面，初次放顶前应把开切眼靠采空区一侧的金属网剪断。

（5）用人工强制放顶的方法增加网上矸石堆积厚度，增强网下支架的稳定性。

（三）压垮型冒顶事故的防治

1. 顶板条件

发生压垮型冒顶事故的顶板一般是Ⅱ、Ⅲ、Ⅳ级基本顶，基本顶来压明显、强烈，来压步距较大。

2. 压垮型冒顶的征兆

按由远到近的征兆有：煤壁片帮严重、顶板下沉速度急剧加快，支柱的载荷急剧增大，有时能听到顶板有断裂声，煤壁侧顶板掉碴、断裂，摩擦支柱"放炮"，信号柱折断发生劈裂声。

3. 压垮型冒顶的机理

采煤工作面从开切眼向前推进，直接顶的跨度不断增加，其弯曲下沉也不断增加，当悬顶跨度达到6～20 m时，直接顶初次垮落下来。如果直接顶垮落后碎矸能充满采空区，破碎的直接顶岩石被压实，基本顶岩层将弯曲、下沉、断裂，并对工作面矿压产生一定影响。如果直接顶冒落的碎矸不能充满采空区，开始时，基本顶在采空区上方呈双固定支点梁状态。随着采煤工作面的推进，梁的跨度愈来愈大，基本顶逐渐弯曲下沉，最后导致断裂。这时，工作面顶板下沉速度加快，煤壁片帮严重，支架受力增大，甚至会发生顶板的台阶下沉。

当煤层之上直接为坚硬岩层的基本顶时，由于采空区没有破碎的矸石作垫层，基本顶初次来压、周期来压都很强烈。

一些局、矿的矿压观测资料表明：一般情况下，基本顶是在煤壁内断裂。由于基本顶岩层与煤层相对强度的不同，断裂处距工作面煤壁的距离由一米到十几米不等。

当基本顶折断下沉时，煤壁片帮，工作面顶板下沉速度剧增，支柱受力增加。当工作面推进到基本顶断裂处时，基本顶迫使直接顶下沉，增阻金属摩擦支柱受压后工作阻力才能增加，因此工作面呈现顶板沿煤壁断裂和台阶下沉。当台阶下沉强烈时，造成信号柱压断。若支柱支撑力不足，在顶板台阶下沉过程中支柱将

被破坏,就会发生压垮型冒顶事故。断裂和台阶下沉如图 8-35
所示。

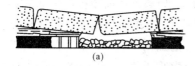 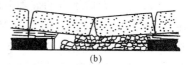

图 8-35　断裂和台阶下沉

综上所述,压垮型冒顶的机理主要是:在工作面初次来压和
周期来压时,由于基本顶断裂,顶板急剧下沉。特别是顶板台阶
式下沉时,如果工作面支架的强度不足就会发生压垮型冒顶。

4. 防治压垮型冒顶的措施

(1)研究顶板活动规律,进行矿压观测,掌握工作面的初次来
压和周期来压步距、顶板下沉量和下沉速度、支柱工作阻力和下
缩量、支柱下缩速度及其他各种变化情况。对顶板来压进行预
测、预报,不仅要用测力计、测杆等进行支柱工作阻力、支柱下缩
量、顶板下沉量观测,还要在采煤工作面的运输巷、回风巷或工作
面超前钻孔中安设矿压观测仪器,测得基本顶在煤壁前方断裂的
位置,预报工作面来压台阶下沉最危险时间和工作面来压地点,
根据其顶板性质及地质构造情况来预报来压强度。有不少工作
面,由于没有进行矿压观测工作,不能掌握基本顶的来压规律和
合理的支护强度,因而导致发生压垮型冒顶事故。但通过矿压观
测,调整了支护密度,在基本顶来压期间加强工作面支护,如在工
作面增设抬棚、丛柱、密集支柱等,基本上避免了压垮型冒顶事故
的发生。

(2)当煤层顶板是极坚硬岩层时,可采用人工强制放顶和高
压注水弱化顶板,或挑顶冒落一部分岩石来增加垫层的厚度,减
少顶板活动时对采煤工作面的影响。

(3)一般来说,基本顶初次来压比周期来压凶猛,因此可在基

本顶初次来压阶段加大工作面控顶距或减少一次放顶距,这样可使支架合力作用点后移,增加其切顶能力。

(4) 出现台阶下沉的处理方法。如果工作面顶板台阶下沉量在 300~400 mm 以内,而且范围较小,工作面顶板没有明显垂交或斜交于煤壁的断裂,在台阶下沉范围内,周围支柱没有明显压力增大现象,说明顶板压力对生产影响不大,工作面可以正常推进。如果台阶下沉超过 300~400 mm,台阶下沉范围内顶板有裂隙,支柱压力增大很多,则应停止回柱放顶。同时应加强支护,采用木垛等特殊支护方式。

六、采煤工作面冒顶的防治及顶板管理

(一) 采煤工作面冒顶的防治

1. 冒顶事故常见原因

地质构造变化的影响;顶板压力变化的影响;回采工序的影响;工作场地不同的影响;顶板管理方式的影响;人的工作质量因素的影响;支架选型不合理,支护强度不足。

2. 顶板事故的防范措施

(1) 坚硬难冒顶板大面积来压预防

坚硬难冒顶板大面积来压,是指采空区内大面积悬漏的坚硬顶板在短时间内突然垮落而造成的大型顶板事故。

其预防措施主要有:

① 顶板高压注水。从工作面平巷向顶板打深孔,进行高压注水。

② 强制放顶。就是用爆破的方法人为地将顶板切断,使顶板冒落一定厚度形成矸石垫层。

(2) 基本顶来压时的压垮型冒顶预防

压垮型冒顶是指因工作面支护强度不足和顶板来压引起支架大量压坏而造成的冒顶事故。

其预防措施主要有:

① 采煤工作面支架的初撑力应能平衡垮落带直接顶及基本顶岩层的重量。

② 采煤工作面的初撑力应能保证直接顶与基本顶不离层。

③ 采煤工作面支架的可缩量应能满足裂隙带基本顶下沉的要求。

④ 普采工作面遇到平行工作面的断层时,在断层范围内要及时加强工作面支护(最好用大垛),不得采用正常办法回柱。

⑤ 普采要扩大控顶距,并用木支柱替换金属支柱,待断层进到采空区后再回柱。

⑥ 工作面支护是液压自移支架时,若支架的工作阻力有较大的富余,则工作面可以正常推进;若支架的工作阻力不够富余,则工作面与断层斜交过断层。

(3) 破碎顶板大面积漏垮型冒顶预防

由于煤层倾角大,直接顶又异常破碎,工作面支护不及时,在某个局部地点发生冒漏,破碎顶板就可能从这个地方开始沿工作面往上全部漏空,造成支架失稳,导致漏垮型工作面冒顶。

预防漏垮型冒顶的措施:选用合适的支柱,使工作面支护系统有足够的支撑力和可缩量;顶板必须背严背实;严禁放炮、移溜等工序弄倒支架,防止出现局部冒顶。

(4) 复合顶板推垮型冒顶预防

推垮型冒顶是指因水平推力作用使工作面支架大量倾斜而造成的冒顶事故。复合顶板是由下软上硬岩层构成。在开采时,容易形成离层、断裂,导致冒顶。

预防措施主要有:应用伪俯斜工作面并使垂直工作面方向的向下倾角达 $40°\sim60°$;掘进上下平巷时不破坏复合顶板;工作面初采时不要反推;控制采高,使软岩层冒落后能超过采高;尽量避免上下平巷与工作面斜交;在开切眼附近控顶区内,系统地布置树脂锚杆;灵活地应用戗棚,使它们迎着岩体可能推移的方向支设;提高单体支柱的初撑力和刚度;提高支架的稳定性,用拉钩式的连接器把每排支柱从工作面上端至工作面下端连接起来。

(5) 金属网下推垮型冒顶预防

回采下分层时,金属网架顶可能发生推垮型冒顶。

其预防措施主要有:

① 回采下分层时用内错式布置开切眼,避免金属网上碎矸之上存在空隙。

② 提高支柱初撑力,增加支柱稳定性,防止发生高度超过150 mm 的网兜。

③ 用"整体支架"增加支柱稳定性。

④ 采用伪俯斜工作面,增加抵抗下推的阻力。

⑤ 初次放顶时要把金属网下放到底板。

(6) 采煤工作面局部冒顶事故预防

局部冒顶多发生在工作面上下端头、煤壁区、放顶区、运输机推移过渡段、工作面过旧采迹、钻孔、地质构造及其破碎带附近等地点,许多垮面事故是由局部冒顶发展而成的。

其预防措施主要有:

① 支架方式需要和顶板岩性相适应,不同岩性的顶板要采用不同的支架方式。采取有效的支护措施,根据顶板特性及压力大小采取合理、有效的支护形式控制顶板,防止冒顶。如果工作面压力太大,基本支架难以承受时,还可采用特殊支架支护顶板。综采工作面要严格控制采高,及时移架控制裸露顶板。掘进工作面要坚持使用前探梁支护。放炮前要加固棚子,实行联锁,防止崩倒棚子引起冒顶。

② 采煤后要及时支护,一般要采用超前挂金属探梁或打临时支柱的办法及时支护,防止局部冒顶。及时处理局部漏顶,以免引起大冒顶。

③ 整体移输送机时要采取有效措施,在整体移输送机时,对

比较破碎的、容易冒顶的顶板，必须采取相应的措施。

工作面上下出口要有特种支架，一般要在上下出口范围内加设台棚或木剁等，加强支护。

④ 防止放炮崩倒棚子，一是炮眼的布置必须合理，装药量要适当。二是支护质量必须合格，要牢固有劲，不能打在浮煤、浮矸上。三是留出炮道，如果放炮崩倒柱子，必须及时架设，不允许空顶。

⑤ 坚持工作面正规循环作业，坚持执行必要的制度。例如，敲帮问顶制度、验收支架制度、岗位责任制、金属支柱检查制度、顶板分析制度和交接班制度等。

⑥ 采取正确的回柱操作方法，防止顶板的压力向局部支柱集中，造成局部顶板破碎及回柱工作的困难。应严格遵守作业规程和操作规程，严禁违章作业。

⑦ 充分掌握顶板压力分布及来压规律，冒顶事故大都发生在直接顶初次垮落、基本顶初次来压和周期来压过程中。只要充分掌握压力分布及来压规律，采取有效的支护措施即可防止冒顶。掘进巷道在布置及支架形式的选择上，也要充分考虑压力的分布规律及顶板压力大小，把巷道布置在压力降低区内。

⑧ 坚持敲帮问顶制度，在进入采掘工作面装煤、支护前，要敲帮问顶，处理已离层的顶板；如果处理不了，要用点柱先支撑。

⑨ 严格按照《煤矿安全规程》作业；采煤工作面必须按作业规程的规定及时支护，严禁空顶作业；所有支架必须架设牢固，并有防倒柱措施；严禁在浮煤或浮矸上架设支架；对于软岩条件下初撑力确实达不到要求的，在制定措施、满足安全的条件下，必须经主要技术负责人审批；严禁在控顶区域内提前摘柱；碰倒或损坏、失效的支柱，必须立即恢复或更换；移动输送机机头、机尾需要拆除附近的支架时，必须先架好临时支架；采煤工作面遇顶底板松软或敲碎、过断层、过老空、过煤柱或冒顶区以及托伪顶开采时，

必须制定安全措施。

（二）采煤工作面的顶板管理

工作面回采时必须维护的工作空间宽度称为采煤工作面控顶距。控顶距以外的空间称为采空区。工作面顶板控制的主要内容，是控制顶板的变形、破坏和采空区处理。顶板控制又称顶板管理，是采煤工作面工作空间支护和采空区处理工作的总称。

1. 采空区的处理方法

（1）垮落法

用垮落法处理采空区的实质是：有步骤地、人为地使采空区直接顶垮落下来（称放顶工作），从而减轻直接顶对工作面的压力，并利用垮落的岩石支撑上部未垮落的基本顶。垮落法适于直接顶较易垮落的顶板。

（2）充填法

充填法可分为局部充填法和全部充填法两种。局部充填法是用砌矸石来支撑采空区的顶板。矸石的来源可用挑顶或卧底的方法取得，也可用煤层中的夹石。充填法可用于在水体下、铁路下、建筑物下煤层的开采。

（3）煤柱支撑法（又称刀柱法）

煤柱支撑法是在采空区里按一定规律留煤柱支撑顶板。它的煤炭损失量大，适用于顶板极难垮落，采高较大的中厚煤层。

（4）缓慢下沉法

缓慢下沉法是采用撤除采空区的全部支护，使顶板在垮落前靠本身的挠曲下沉与底板相接触。它适用于直接顶塑性较强、煤层厚度较小的煤层，当底板具有底鼓性质时更为适合。

2. 采煤工作面顶板的支护管理

（1）支护设备及支护材料

① 支护设备

工作面支架是控制矿压的一种支护结构物。按支架的组合形式,工作面支架可分为单体支架和自移式液压支架两类。除综采工作面使用自移式液压支架外,其他工作面都使用单体支架。单体支架是指由单体支柱与顶梁或柱帽组成的支架。前者称为悬臂支架或棚子支架,后者称为带帽顶柱(点柱)。单体支架常用的顶梁为金属铰接顶梁,常用的支柱类型是液压支柱。工作面支架,除上述单体支架和液压支架两类以外,在特殊情况下,如工作面冒顶、放顶、周期来压、遇到断层等,还可采用木垛、斜撑、抬棚、丛柱、排柱等特种支架。

②《煤矿安全规程》规定:采煤工作面必须经常存有一定数量的备用支护材料,使用单体液压支柱的工作面,必须备有坑木,其数量、规格、存放地点和管理方法必须在作业规程中规定。

(2)支护方式

支护方式是指工作面各类支架的布置形式。合理的支护方式必须满足:有足够的作业空间,满足采煤、通风和行人的要求;能有效地控制顶板,保证安全生产;最低的材料消耗;合理的支护密度。地质条件不同,采煤方法不同,支架类型不同,就有不同的支架布置形式。普采、炮采工作面普遍采用单体液压支柱和金属铰接顶梁支护顶板。其顶梁的架设方向与工作面煤壁垂直。

(3)采煤工作面支架架设的质量要求

①《煤矿安全规程》规定:采煤工作面必须按作业规程的规定及时支护,严禁空顶作业。所有支架必须架设牢固,并有防倒柱措施。严禁在浮煤或浮矸上架设支架。使用单体液压支柱的初撑力,柱径为 100 mm 的不得小于 90 kN,柱径为 80 mm 的不得小于 60 kN。对于软岩条件下初撑力确实达不到要求的,在制定措施、满足安全的条件下,必须经企业技术负责人审批。严禁在控顶区域内提前摘柱。碰倒或损坏、失效的支柱,必须立即恢复或更换。移动输送机机头、机尾需要拆除附近的支架时,必须先架好临时支架。采煤工作面遇顶底板松软或破碎、过断层、过老

空、过煤柱或冒顶区以及托伪顶开采时,必须制定安全措施。

②采煤工作面单体液压支柱支架架设的安全质量要求

新设支柱初撑力:单体液压支柱$\phi80\geqslant60$ kN,$\phi100\geqslant90$ kN;支柱全部编号管理,牌号清晰,不缺梁、少柱;工作面支柱要打成直线,其偏差不超±100 mm(局部变化地区可加柱);柱距偏差不大于±100 mm,排距偏差不超过±100 mm;底板松软时,支柱要穿柱鞋,钻底应小于100 mm。

(4)采煤工作面安全出口的支护

采煤工作面安全出口是人员活动集中、机电设备较多的地点,且是人员进出的必经之地。支护好上、下安全出口,对保证安全生产具有重要意义。为此,《煤矿安全规程》规定:采煤工作面必须保持至少2个畅通的安全出口,一个通到回风巷道,另一个通到进风巷道。采煤工作面所有安全出口与巷道连接处20 m范围内,必须加强支护;综合机械化采煤工作面,此范围内的巷道高度不得低于1.8 m,其他采煤工作面,此范围内的巷道高度不得低于1.6 m。安全出口必须设专人维护,发生支架断梁折柱、巷道底鼓变形时,必须及时更换、清挖。

(5)破碎顶板的管理措施

防止破碎顶板冒落的原则是:支护密度大、悬露顶板少、控顶距小、推进速度快。普采、炮采工作面必须采用铰接顶梁。顶梁之上要用板皮、小棍、竹笆封顶,形成纵横交叉,使顶板悬露面积缩小。在刮板输送机道上方可提前探梁,靠煤壁打贴帮柱。破碎顶板的支护密度不但要满足支护强度的要求,也要有利于护顶,因此要适当加大支护密度,采取提前背笆护顶或挂梁措施。采煤机上行割顶煤时,跟机铺笆挂顶梁,撤贴帮柱支临时柱。下行割底煤时跟机前撤临时柱、后支贴帮柱,移溜过后支设固定柱,以缩短刮板输送机道空顶时间和空顶面积,防止冒顶。

(6)煤壁片帮的支护措施

① 工作面煤壁要采直、采齐，要及时打好正规支柱和贴帮柱，并给足初撑力，减少控顶区内顶板的下沉量。

② 采高大于 2.0 m，煤质松软时，除打贴帮柱外还应在煤壁与贴帮柱间加横撑。

③ 在煤壁上部片帮严重的地点，应在贴帮柱上加托梁或超前挂金属铰接顶梁。在片帮深度大的地点，还应在梁端加打临时顶柱。

④ 在爆破落煤工作面要合理布置炮眼，并掌握好炮眼角度。顶眼距顶板不要太近，装药量要适当。落煤后要及时挑顶刷帮，使煤壁不留伞檐。

（7）采煤工作面安全管理的质量要求

① 工作面和平巷输送机机头、机尾有压（戗）柱；小绞车有牢固压（戗）柱或地锚；行人通过的平巷输送机机尾处要加盖板；行人跨越输送机的地点有过桥。

② 支柱（支架）高度与采高相符，不得超高使用。

③ 在用支柱完好，不漏液、不自动卸载，无外观缺损；综采工作面液压支架不漏液、不窜液、不卸载。

④ 支柱迎山有力，不出现连续 3 根以上支柱迎山角或退山角过大；综采支架要垂直顶底板，歪斜小于 ±5°；煤层采高大、倾角大于 15°的工作面支柱，必须有防倒架措施；工作面倾角大于 15°时，支架设防倒、防滑装置，无链牵引采煤机和刮板输送机设防滑装置。

⑤ 使用铰接顶梁工作面铰接率大于 90%。

3．综采工作面顶板的支护管理

（1）支护设备

综合机械化采煤工作面的支护设备是自移式液压支架。自移式液压支架是以高压液体为动力，能完成支护顶板、移架、切顶、推移输送机等工序，综放工作面使用的放顶煤液压支架还能完成放煤工序。

(2) 综采工作面的支护

综采工作面靠液压支架来支撑顶板,维护工作空间。液压支架的支护方式有及时支护、滞后支护和超前支护三种。

(3) 液压支架架设质量要求

① 初撑力不低于规定值的 80%(立柱和平衡千斤顶有表显示)。

② 支架要排成一条直线,其偏差不得超过±50 mm。中心距按作业规程要求,偏差不超过±100 mm。

③ 支架顶梁与顶板平行支设,其最大仰俯角不超过 7°。

④ 相邻支架间不能有明显错差(不超过顶梁侧护板高的 2/3),支架不挤、不咬,架间空隙不超过规定(小于 200 mm)。

(4) 综采工作面安全出口的支护

① 综采工作面端头支架应满足的要求

为了保证安全出口有较好的作业空间,《采煤工作面工程质量标准》做了规定:上、下安全出口人行道宽度不低于 0.7 m,净高不低于 1.8 m,出口内无杂物,无积水,通风、行人、运料畅通无阻;采煤工作面煤壁线外 20 m 范围内上、下平巷的支架要完整无缺,并进行超前支护,其支护方式与单体支柱工作面的支护相同,但高度不低于 1.8 m,有宽 0.7 m 的人行道。

② 综采工作面端头的支护方式

确定综采工作面端头支护方式时,主要考虑端头悬顶面积的大小、顶板压力及其稳定程度、回采巷道原来采用的支护方式、工作面与两巷的连接特点、工作面生产工艺特点、端头设备布置形式等因素。

(5) 综采工作面破碎顶板的管理

破碎顶板下如采用综采,应选用掩护式液压支架。综采工作面可采用以下方法处理破碎顶板。

①　带压移架法

如片帮宽度达到先移架也不影响割煤时,应少降快拉、擦顶移架,及时支护新暴露出来的顶板。

②　挑顺山梁

采煤机割煤后,如果新暴露出来的顶板在短时间内不会马上冒落,但在移架时有可能冒顶的情况下,可采取先移完整顶板下的支架,并在支架顶梁上放顺山长木梁 1～2 根(长 2～3 m)护住附近不完整的顶板,然后再移相邻支架。如遇破碎漏矸顶板,还要在顺山木梁上铺笆片等材料护顶。

③　铺金属网

对厚煤层分层开采的工作面铺顶网,一般用 10# 或 12# 铁丝编成。网孔规格根据顶板破碎程度而定,一般为 20 mm × 20 mm 或 40 mm × 40 mm,网宽 1～2 m,长 6～10 m。网卷沿工作面倾斜方向展开,每张网片的四周均要搭接,搭接宽为 0.1～0.2 m,每隔 100～200 mm 用联网钩扭结。为保证其拉力,扭结时至少扭两扣,新网片要放在旧网片之下。移架时,网片要翻到顶梁上面。

④　架走向棚

当顶板破碎、煤壁片帮,支架没有护帮设施时,则靠煤壁打临时支柱,架设走向棚。走向棚棚梁一端由临时支柱支撑,另一端则架在支架前梁上。若片帮严重、压力较大时,可在煤壁片帮底部掏柱窝打点柱支撑木梁。如果顶板条件许可,煤壁片帮较小,可在煤壁处掏一梁窝,把木梁一头插入梁窝,另一头放在支架顶梁上。

(6)综采工作面坚硬顶板的管理

坚硬顶板的岩层厚、强度大、完整,能在采空区悬露较大面积而不垮落,工作面初次来压及周期来压步距大,来压时产生动压冲击,容易损坏支架。

控制坚硬顶板有以下基本措施:

① 采用强力支架。支架不仅要有高工作阻力和高初撑力,而且要具有足够抗冲击能力和抗水平推力的稳定性。

② 促使坚硬顶板及时垮落。为促使坚硬顶板及时垮落,应配合采取高压注水软化顶板、超前或采空区爆破顶板、松动煤体等措施,人为地造成局部破断,改变其支撑条件和坚硬顶板的冒落性能。

③ 开展支护质量和顶板动态监测及预测预报等。

(7) 综采工作面顶板管理的要求及规定

① 综采工作面作业规程对顶板管理的要求

综采工作面作业规程中的顶板管理安全技术措施在生产过程中必须认真执行;必须有合理的液压支架选型设计;必须制定工作面支护质量标准和检查验收考核制度;工作面安全出口必须有有效的支护,保证其畅通;当工作面顶板条件发生变化时,必须及时制定针对性的安全措施,并由管理人员现场指挥落实;跟班干部、班组长和安全检查员,必须对各作业地点巡回检查,认真查处安全隐患,杜绝违章作业,保证工作面安全生产。

②《煤矿安全规程》对综采工作面回采和顶板控制的规定

a. 必须根据矿井各个生产环节、煤层地质条件、煤层厚度、煤层倾角、瓦斯涌出量、自然发火倾向和矿山压力等因素,编制设计(包括设备选型、选点)。b. 运送、安装和拆除液压支架时,必须有安全措施,明确规定运送方式、安装质量、拆装工艺和控制顶板的措施。c. 工作面煤壁、刮板输送机和支架都必须保持直线。支架间的煤、矸必须清理干净。倾角大于 15°时,液压支架必须采取防倒、防滑措施。倾角大于 25°时,必须有防止煤(矸)窜出刮板输送机伤人的措施。d. 液压支架必须接顶,顶板破碎时必须超前支护,在处理液压支架上方的冒顶时,必须制定安全措施。e. 采煤机采煤时必须及时移架,采煤与移架之间的悬顶距离,应根据顶板的具体情况在作业规程中明确规定;超过规定距离或发生冒顶、片帮时,必须停止采煤。f. 严格控制采高,严禁采高大于支架的最大支护高度。当煤层变薄时,采高不得小于支架的最小支护高度。g. 当采高超过 3 m 或片帮严重时,液压支架必须有护帮板,防止片帮伤人。h. 工作面两端必须使用端头支架或增设其他形式的支护;工作面转载机安有破碎机时,必须有安全防护装置。i. 处理倒架、歪架、压架以及更换支架和拆修顶梁、支柱、座箱等大型部件时,必须有安全措施。j. 工作面爆破时,必须有保护液压支架和其他设备的安全措施。k. 乳化液的配制、水质、配比等,必须符合有关要求。泵箱应设自动给液装置,防止吸空。

第九章 高级工技能要求

第一节 采煤机在特殊条件下的使用

一、采煤机的操作

（一）特殊条件下采煤机的操作

1. 在破碎顶板和分层假顶工作面操作采煤机

分层开采综采工作面时，开采上分层要为下分层采煤创造良好的条件，其主要措施是：开采上分层时，在液压支架上端从顶梁前端处向顶梁上部铺设金属网（塑料网目前应用较少），使上分层垮落的岩石胶结成再生顶板，作为下分层的顶板。采煤机在这种条件下使用时，应注意以下几点：

（1）采煤机司机要配合相关人员经常维护假顶，保持假顶的完整性，不得在无网或断网的情况下工作，以防止下分层坠包而破网或断网。采煤机司机要控制好分层采高，力求使支架顶梁与顶网保持在一平面上，以减少金属网所受拉力，防止因过度弯曲而发生崩落事故。

（2）当片帮严重时，尤其是大块煤掉落到输送机槽或采煤机滑靴、轨道附近堵住采煤机时，应先进行人工破碎处理后再装煤。

（3）在金属网下截割时，采煤机司机一定要精心操作，一般要留 300 mm 左右厚的顶煤，以免因滚筒过于靠近顶板而使截齿割网。如果顶板较为坚硬，可留 200～300 mm 厚的假顶。

（4）在金属网下截割时，尤其是采上分层时，由于底板不是岩石而是煤,采煤机司机一定要割平底板,不能出现台阶式底板,否则会给液压支架的前移和推移刮板输送机带来困难。

(5)当煤层厚度变化较大时,采煤机司机要及时掌握和调整各分层的采高,以免造成上、下分层采高过大或过小,给司机操作带来不便。为此,工作面沿走向推进一定距离后,仍要在工作面沿倾斜方向每隔 10～15 m 范围内进行打钻探查煤层厚度,以便采煤机司机及时调整采高。

(6)为了减少和消除下分层顶板的漏矸、冒顶现象,根据顶板岩石性质,采取向采空区注水、注浆的办法,以促使冒落岩石胶结而形成较完整的再生顶板。

2. 采煤机过断层的操作

(1)采煤机过走向断层的操作

① 当工作面的断层落差较大且附近煤层厚度小于滚筒直径时,一般用拉底挑顶的办法使采煤机顺利通过。此时应注意采煤机的机身平稳性,严格控制牵引速度。

② 当断层位于工作面中部、落差小、附近煤层厚度大于滚筒直径时,一般采取留底煤的方法使采煤机平推硬过,将工作面向前推进。

③ 当断层靠近上下平巷、落差较大难以处理时,则可另开一段平巷,用联络眼与原平巷连通的办法将工作面缩短,躲开断层。

(2)采煤机过倾斜断层的操作

① 对于落差大致为煤层厚度的倾斜断层,一般采用采煤机硬过的办法通过断层。

② 采煤机通过断层时,要特别注意底板坡度变化、顶板破碎和坚硬岩石等问题。煤层顶板硬度系数 $f<4$ 时,可采用采煤机直接截割的办法;如果顶板岩石硬度大时,则要用爆破方法预先挑顶或卧底。顶板破碎时,采煤机司机与支架工要配合好,应在采煤机前滚筒截割煤后采用立即支护的办法。

③ 当采煤机通过工作面断层时,不论断层处于工作面的上部或下部,一般采用卧底的办法,尽量不采用挑顶法,以免破坏顶板岩石的稳定性,加大维护上的困难。由于断层的顶板较破碎,移架时应采用带压移架的办法。

3. 采煤机在倾斜煤层中的操作

在倾斜煤层中操作采煤机时应注意下列主要问题:

(1) 当采煤机采用有链牵引时,必须配备同步安全液压防滑绞车。

(2) 当采煤机采用无链牵引时,必须配置可靠的液压防滑制动装置。

(3) 防滑绞车必须安置在巷道顶板完整的地点,必须加打戗柱并固定牢靠。当防滑绞车移位时,应使采煤机下行截入煤壁,同时采取相应的固定措施。

(4) 采煤机与防滑绞车必须同步工作。要经常检查两者是否同步工作,若不同步,禁止开动采煤机。

(5) 在大倾角、硬煤层中,采煤机应采用单向割煤,也就是沿工作面下行割煤,上行跑空刀,且滚筒应降至最低。这样可以避免上行割煤时采煤机下滑和牵引速度太慢,尤其是煤质坚硬时前滚筒割下来的大块煤会卡住采煤机。

(6) 倾角大的煤层,使用水平链轮传动的有链牵引采煤机下行割煤时,采煤机机身一定要有坚固的导链装置,防止牵引链把导链轮拔出。

(7) 采煤机的正常停机:当下行割煤时,要使滚筒切入煤壁后再停机;当上行割煤时,务必使两滚筒降到最低处后再停止牵引。

(8) 电缆、水管要有防滑措施,可采用分段固定电缆和改变电缆布设方式来实现。

① 分段电缆固定。采煤机下行割煤时,为防止移动电缆(含水管)下滑,可用木楔或旧胶带条将移动电缆分段固定在电缆槽

中,待采煤机临近时再解除固定。

② 改变电缆布设方式。采用图 9-1 所示的电缆布设方式,可有效地防止移动电缆出槽下滑。显然,采用这种方式需要电缆槽有较大的空间。

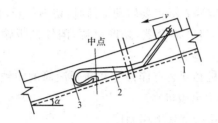

图 9-1 电缆防滑布设方式
1——采煤机电动机;2——电缆链;3——电缆槽

(二)采煤机常见运行事故及其预防处理

采煤机是采煤工作面中最重要的设备之一,它结构复杂、体积大、质量重,对司机操作的要求高,因而在工作中可能由于各种因素而导致伤人事故的发生。采煤机易引发的伤人事故有:滚筒伤人事故、采煤机下滑伤人事故、采煤机断链伤人事故、牵引链弹跳伤人事故、牵引链张紧装置连接失效伤人事故和电缆车碰人事故,以及人员被输送机拉入采煤机底托架内的伤人事故。

1. 采煤机滚筒伤人事故及其预防措施

引起采煤机滚筒伤人事故的主要原因是违反《煤矿安全规程》规定及有关制度,违章作业的情况有:司机未认真瞭望;开机前未发出预警信号就直接操作;采煤机司机误操作;非司机违规上岗;司机工作时不慎触及采煤机滚筒。

采煤机滚筒伤人事故的预防措施有:

(1)加强工作面的技术管理,要求司机和其他作业人员按章作业,严格执行《煤矿安全规程》、《作业规程》及《操作规程》的规定。采煤机司机应熟悉采煤机的结构原理,加强业务学习,真正掌握操作技术,注意截割部离合器手把的操作方向,如有的左截割部手把向上为"合",向下为"离";而右截割部手把向下时离合器为"合",向上时为"离"。由于采煤机长期使用后,"离合"字迹不清,工作时应特别注意。

(2)更换或检查截齿要转动滚筒时,切不可开动电动机,必须断开隔离开关,打开离合器,切断电源,闭锁刮板输送机,然后用手转动滚筒进行检查。

(3)采煤机必须装有能停止和断开滚筒的闭锁装置(或离合装置),而且必须灵敏可靠。

(4)严格执行持证上岗制度。

(5)在滚筒附近上下3 m范围内,作业人员必须注意煤帮和顶板情况,防止煤帮片帮或顶板有垮落等情况时将人拥向滚筒。

(6)长时间停机或司机需离开时,必须将滚筒放到底板上,切断隔离开关和离合器。

2. 采煤机下滑伤人事故及其预防措施

采煤机由圆环链或钢丝绳牵引,在工作面倾角达到15°及以上时,其下滑力大于采煤机在刮板输送机上的摩擦力,如没有可靠的预防装置,则可能会因牵引链断链(绳)而造成采煤机下滑伤人、损坏设备的事故。所以,《煤矿安全规程》中规定,工作面倾角在15°以上时,滚筒式采煤机要有可靠的防滑装置。

造成采煤机下滑的原因主要有:

(1)牵引链端头连接装置损坏或断链。

(2)牵引链过松,容易打卷、窝链;反向牵引时,易咬链、跳链,从而导致断链。

(3)牵引链采用刚性连接,无补偿式紧链装置。

(4)导链器磨损超限,使之失去导链作用。

(5)牵引链磨损超限,受冲击载荷时断链。

(6)中部槽、挡煤板、导向管、铲煤板间存在问题,使机器牵引阻力突然增大而造成断链。

（7）连接链环时因操作不规范而断链。

（8）牵引液压制动器制动力矩过小或失效。

采煤机下滑伤人事故的预防措施如下：

（1）当工作面倾角大于 15°并向上割煤时，应及时推溜移架，尽量使输送机的弯曲段靠近采煤机。一旦发生断链使采煤机下滑时，滚筒能沿输送机的弯曲段插入煤壁，防止采煤机的继续下滑。当在工作面中部停机时，应将采煤机停在刮板输送机的弯曲段，使下滚筒紧贴煤壁。当采煤机紧链时，应将采煤机的下滚筒置于切口内。

（2）正确使用防滑杆装置。

（3）正确使用液压安全防滑绞车。绞车与采煤机的牵引速度必须保持同步。

（4）加强设备的维护保养工作，及时紧固松动的连接件，消除导向管、中部槽、铲煤板的闪缝、错茬，更换已经磨损超限的零部件，及时调整液压制动装置的间隙，保证制动力矩。

（5）使用补偿式牵引链紧链装置，有条件时，尽量采用无链牵引。

3. 牵引链弹跳伤人事故及其预防措施

采煤机牵引链弹跳伤人是指采煤机牵引链松弛时突然拉紧而弹跳起来，一旦接触人员就会发生伤人事故。其主要原因是：

（1）工作面不平直。

（2）放炮崩链。

（3）工作人员靠近牵引链。

牵引链弹跳伤人事故的预防措施如下：

（1）严把工程质量标准关，把工作面割平、割直，确保牵引链在挡煤板内。

（2）顶、底板要割平，不出现凹凸和台阶。

（3）当使用有链牵引采煤机时，在开机前或改变牵引方向前必须喊话，并发出预警信号。

（4）经常检查牵引链及其两端联接件，发现问题及时处理。采煤机工作时所有人员必须避开牵引链，以免伤人。

4. 电缆车伤人事故及其预防措施

电缆车是随采煤机的移动而移动的。由于它质量轻、稳定性差，因此最易掉道。如果盘线人员注意力不集中，就易碰伤盘线人员。当采煤机前方有人摔倒并未能及时爬起时，容易被拉入电缆车或采煤机机身下方。

电缆车伤人事故的预防措施有：

（1）当采煤机向上割煤时，盘线人员要随时注意电缆车的周围有无障碍物，发现问题及时停机处理。

（2）采用自动收放电缆的方式。

（三）采煤机的润滑

在采煤工作面，由于采煤机的负荷大、工作面环境恶劣，同时又由于对采煤机的性能要求高、使用寿命长，所以能否充分发挥采煤机效能，在很大程度取决于对其维护保养的好坏。而维护保养工作的主要任务是保证其良好的润滑，及时更换已失效的零部件，及时排除事故隐患等。因此，要保证采煤机安全可靠的运行，就必须严格执行维护保养制度，严把用油和润滑关。采煤机司机和相关维护人员应高度重视采煤机的维护保养，特别是机械部位的润滑及液压传动牵引部的用油问题。据不完全统计，在采煤机发生故障的总数中，机械故障占 80％左右，而因润滑问题造成的故障却占有很大比例，另一部分故障则多发生在液压系统中。采煤机常用的润滑材料大致分为两类，一是润滑油脂类，常用的主要是钙基润滑脂、钠基润滑脂、钙钠润滑脂和锂基润滑脂等；另一类是润滑油类，常用的主要有液压油和齿轮油等。

1. 采煤机液压油

在液压牵引采煤机中，液压油既是传递动力的工作介质，又是液压系统各元件的润滑剂,此外还有冷却、冲洗、防锈等作用。液压油对液压系统的工作性能会产生极其重要的影响。

采煤机液压油主要用于牵引部液压系统和附属液压系统,其中牵引部多采用 N100、N150 号抗磨液压油,而附属液压系统多采用汽轮机油(透平油)或普通液压油。

抗磨液压油是以精制的润滑油作为基础油,加入抗磨、抗氧化、抗泡、降凝、防锈、增黏、耐负荷等多种添加剂调和而成。抗磨液压油通常分为锌型(有灰型)抗磨液压油和硫磷型(无灰型)抗磨液压油两种。前者加有抗磨、抗氧、抗腐蚀剂二烷基二硫化磷酸锌(代号 T—202 或 6411、2DTP、2DDP),它对钢-钢摩擦有特别好的抗磨性,且又具有抗氧化性、抗腐蚀性和一定的极压性,被广泛应用于抗磨液压油中。锌型液压油锌含量低于 0.7% 时,称为低锌抗磨液压油;反之,则称为高锌抗磨液压油。硫磷型抗磨液压油不含金属元素,只加含硫、磷的抗磨剂。两类抗磨液压油又可分为普通型和(热)安定型两种。采煤机牵引部最好使用(热)安定型抗磨液压油。

采煤机液压系统对液压油的要求是:

(1) 具有适宜的黏度和良好黏温特性,黏度指数不小于 90。

(2) 具有良好的润滑和抗磨性能。

(3) 有良好的抗腐蚀性能。

(4) 闪点高、凝固点低。

(5) 有良好的化学稳定性,抗氧化能力强,抗泡性好。

(6) 抗剪切性能好。

(7) 有良好的抗乳化性和防锈性(注意防锈性将受到抗磨性的不良影响)。

(8) 对密封材料适应性强,以免影响密封件的使用寿命。

我国常用的抗磨液压油是按国际标准化组织(ISO)关于抗磨液压油牌号的规定来确定新牌号的。它的牌号分别有 N10、N15、

N22、N32、N46、N48、N68、N100、N150 及 N46K,分类符号为 HM。其中 N46K 为对银部件具有良好的抗腐蚀性能的抗磨液压油。

2. 齿轮油

齿轮油是专门用于齿轮传动的润滑油。它广泛用于采煤机整个截割部及滚筒的传动部分。

(1) 齿轮油的作用

① 减少齿轮及其他运动件的磨损,延长使用寿命。

② 起冷却作用。

③ 减轻振动,降低噪音,缓解齿轮之间的冲击。

④ 冲洗齿面,减少齿间的磨料磨损。

⑤ 防止腐蚀,避免生锈。

(2) 极压齿轮油

极压齿轮油是在齿轮油中加入 $4\%\sim6\%$ 的高性能极压添加剂制成的。它的极压性能好,承载能力高,适用于重载、高温和受冲击载荷大的齿轮传动装置。按加入极压添加剂的种类不同,极压齿轮油分为硫铅型和硫磷型两种。硫铅型适用于无水环境,硫磷型适用于潮湿有水环境。由于采煤机中的齿轮传动正是在工作环境恶劣、载荷大且冲击大、温度高的条件下工作,所以大多采用硫磷型极压齿轮油。

在采煤机中常采用 N220、N320 两种牌号的硫磷型极压齿轮油。

3. 润滑油选用的一般原则

润滑油选用时应按下列一般原则进行:

(1) 机件运动速度高,宜选低黏度的油;反之,应选用高黏度的油。

(2) 载荷重时,应选高黏度的油;反之,应选低黏度的油,以减少能量消耗和发热。受冲击载荷振动大的机件,应选用高黏度或极压性的油。

（3）运动副部件做往复、间歇、变速运动时，应选较高黏度的油。

（4）温度高时应选高黏度的油。

（5）潮湿环境应选具有良好防锈性能的油。裸露工作的部件应选高黏度的油。

（6）间隙小、加工精度高时，应选低黏度的油。

（7）选用润滑油时，根据不同的润滑方式选用不同的润滑油。如采用机械循环、毛毡滴油等润滑方式，应选低黏度的油；如采用飞溅、压力循环等润滑方式，应选氧化安定性好的油。

（8）注意润滑油接触其他物质的相容性。

4.注油时应注意的事项

在采煤工作面对采煤机注油时，首先应详细按产品说明书的要求对润滑油的性质进行判断。一是外观判断：一般来说抗磨液压油的颜色为橙红色并透明；机械油的颜色为黄褐色到棕色，并有不透明的蓝荧光；齿轮油的颜色为深褐色。检查时可以打开油盖或放油嘴，放出一些旧油，看其颜色与新油的颜色有无差异。当油在使用中受到水、空气和其他杂质污染，变得混浊、有乳化泡沫、颜色呈黑褐色或出现黑颗粒及悬浮物等现象时，应更换新油。二是气味判断：抗磨液压油一般无味，机械油有酸味，齿轮油无味。当放出的油散发出一种苦涩的气味，表明油已老化变质，应更换新油。三是黏度判断：从油池中捞一把油，看油的流线，或者用手摸油的黏性来确定油的黏度变化。

在注油时应注意以下事项：

（1）在注油前首先要注意顶板、煤帮的支护状况，在确保人员和设备安全时方可注油。

（2）注油前应清理注油孔、塞周围的浮煤、浮矸。

（3）换新油时，应先将油池中的旧油放净，并将油池清洗干净。

（4）按设备润滑图表要求的品种、牌号加注油，严防加错油。

（5）油桶、油抽子要一油专用，油枪及其他油具要清洁，严防把杂物带进油池。

（6）油类产品要经过滤后再注入采煤机各部。

（7）注油量要适当，要符合说明书中的要求。

（8）注油时严防水进入油池。

（9）注油后，盖板要密封可靠，螺钉要紧固，严防松动，以防水和杂质混进油中。

5. 润滑油的代用与换油

润滑油在生产中应尽量避免代用。若一时没有合适的润滑油而必须代用时，要遵循以下原则：

（1）尽量选用同类油品或性能相近、添加剂相同的油品来代替。

（2）黏度要适当，以不超过被代替油黏度的±25％或高低差一号为限。

（3）油品精制程度以深代浅，质量以优代劣，才能确保润滑性能，并可适当延长使用期。

（4）采煤机的代用油黏温性要好。

（5）低凝液压油可用来代替抗磨液压油和普通液压油。

（6）用防水性好的油代替防水性差的油。

（7）极压齿轮油中的两种油可以互相代用，但可能接触水的部分，选用硫磷型较好。

（8）采煤机选择代用的油，代用油与原来的油应做混溶试验，确无问题时方可代用。

（9）换用代用油时，应先用低黏度透平油清洗，然后换油。

换油时应注意以下事项：

（1）超过油液更换标准时，应立即更换。

（2）不同牌号的油液不得混合使用。

（3）旧油放尽后，用新油冲洗各油箱。

（4）新油液注入机器的过程中要严格过滤。更换新油时，机器要空运转 10～15 min。

6. 润滑脂

采煤机常用的润滑脂已在前面作了介绍，这里只简单介绍润滑脂选用的一般原则和使用时的注意事项。

（1）润滑脂的一般选用原则

① 选择润滑脂时，首先要求润滑脂滴点温度至少比轴承的最高温度高出 20～30 ℃。使用温度越接近滴点，润滑脂变质失效和流失得就越快。

② 润滑脂所适应的轴承运转速度是有限的，一般在 d_n 值大于 300 000～350 000 cm·r/min 时，不宜采用润滑脂润滑。

③ 负荷高的轴承应选择针入度较小即较硬的润滑脂。

④ 根据外界条件合理选择润滑脂。

（2）润滑脂使用中应注意的事项

① 确保润滑脂清洁，不得含有任何杂质，不得随意乱放。

② 润滑脂应按规定使用，按时、按量注脂，不得混用。

③ 经常检查，注意脂量、脂质的变化。

④ 要及时更换已达不到规定质量要求的润滑脂。

（四）采煤机的维护与检修

采煤机的使用寿命及工作的可靠性，在很大程度上取决于对其正确的维护和检修。因此，采煤机必须有维修和保养制度并有专人维护，保证设备性能良好。

包机制是一种较好的设备维护保养制度，即对设备的维护保养工作落实到人，责任与经济效益相结合，维护工作好的给予奖励。维护保养不当的，要承担责任，其中包括经济责任。

采煤机维护检修时要做到：

（1）主要维护检修人员必须责任心强，精通技术，熟练掌握所维护检修的各部分结构与工作原理，并固定其工作岗位。

（2）采煤机下井运转使用1周后，必须对所有的螺栓紧固件逐个进行重新紧固。

（3）定期检查是做好日常维护工作的重要措施，其中包括班检、日检、周检、月检，即"四检"制度。采煤机在井下工作3个月后，应进行一次预防性的检查，并记录检查修理情况。

（4）采煤机采完一个工作面（或运转1年左右）后，应升井解体大修，按规定做好各项试验和验收工作。

1. 采煤机的检查

采煤机的检查是通过"四检"制度来及时发现故障，以保证设备安全运行的。四检包括班检、日检、周检和月检。

（1）班检

班检就是在采煤机司机当班时对自己所操作的采煤机进行必要的检查，班检时间不少于30 min，其检查内容如下：

① 检查各部连接件是否安全、紧固，特别要注意检查各部对口、盖板、滑靴及防爆电气设备的连接与紧固情况。

② 检查牵引链、连接环及张紧装置的连接固定是否可靠，有无扭结、断裂、损坏或其他异常现象等，发现问题应及时处理。

③ 检查导向管、齿轨、销轨（销排）的连接固定是否可靠，发现有松动、断裂、损坏或其他异常现象等，应及时更换处理。

④ 检查电缆、电缆夹及拖移装置的连接是否可靠，有无扭曲、挤压、损坏等现象；电缆及水管不许在电缆槽外拖移（用电缆车的除外）。

⑤ 检查处理采煤机外观卫生情况，保持各部清洁且无影响机器散热和正常运行的杂物。

⑥ 检查各种信号、仪表、闭锁情况，确保信号清晰，通讯正常，仪表显示灵敏可靠，各闭锁可靠。

⑦ 检查滚筒是否有裂隙等影响正常工作的缺陷,检查截齿是否齐全、锐利或损坏。

⑧ 检查各部操作控制手柄、按钮是否齐全、灵活、可靠,位置是否正确。

⑨ 检查液压与冷却喷雾装置有无泄漏,压力、流量是否符合规定,喷嘴是否有短缺、堵塞现象,喷雾雾化效果是否良好。

⑩ 检查急停、防滑、制动装置性能是否良好,动作是否可靠。

⑪ 倾听各部运转声音是否正常,发现问题要查明原因并处理好。

(2)日检

日检一般由检修班班长负责,相关人员参加,检查处理时间不少于 4 h,日检的内容如下:

① 处理班检处理不了或尚未处理的问题。

② 按润滑图表和卡片要求,检查、调整各腔室油量,对有关润滑点补充相应的润滑油脂。

③ 检查处理各渗漏部位。

④ 检查供水系统零部件是否齐全,有无泄漏、堵塞,水压、水量是否符合规定,发现问题及时处理好。

⑤ 检查滚筒端盘、叶片有无开裂、严重磨损及截齿短缺、齿座损坏等现象,发现有较严重的问题时应考虑更换。

⑥ 检查电气保护整定情况,做好电气保护试验。

⑦ 检查电动部及各传动部位温度情况,如发现温度过高,要及时查明原因并进行处理。

(3)周检

周检由区队分管机电的区队长和机电技术人员负责,由日检人员参加,检查处理时间一般不少于 6 h。检查内容如下:

① 进行日检各项检查内容,处理日检中难以处理的问题。

② 认真检查处理对口、滑靴、支撑架、机身等部位相互间的连

接情况和滚筒连接螺栓的松动情况,及时紧固或更换失效的紧固件。

③ 检查各部油位、油质情况,必要时进行油质化验。

④ 检查牵引链链环节距伸长量,发现伸长量达到或超过原节距的 3% 时,应立即更换。

⑤ 检查过滤器,必要时清洗更换滤芯。

⑥ 检查电控箱,确保腔内干净、无杂物,压线不松动,符合防爆与完好要求。

⑦ 检查电缆有无破损,接线、出线是否符合规定。

⑧ 检查接地等保护设施是否符合《煤矿安全规程》的规定。

(4)月检

月检由矿机电副矿长或机电副总工程师组织机电部门和周检人员参加,检查处理时间同周检或稍长一些时间。月检的内容如下:

① 进行周检各项内容,处理周检中难以处理的问题。

② 检查油脂情况,处理漏油,取油样化验。

③ 检查液压系统的工作情况并测量压力。

④ 检查和调整各部保护装置的性能。

⑤ 更换和修理损坏和变形的零部件。

⑥ 遥测采煤机电缆的绝缘程度。

⑦ 检查并遥测电动机的绝缘程度。

⑧ 检查电动机本身的电控装置,紧固各螺栓。

⑨ 对防滑、制动装置的性能进行测试检查。

2. 采煤机维护注意事项

(1)坚持"四检"制度,不准将维修时间挪作生产或他用。

(2)严格执行采煤机使用的有关规定、管理制度及标准要求。

(3)充分利用维修时间,合理组织安排人员,认真完成维修的计划任务。

（4）维修时,维修负责人及相关人员必须先检查工作地点的温度、湿度、风速、瓦斯、煤尘、顶板支护、照明等情况,确保工作地点的安全。

（5）维修前必须清理采煤机周围的杂物,做好材料、工具、备件等的准备工作。

（6）无论检修采煤机的哪个部位,必须切断采煤机电源,把开关、手把离合器置于停止位置或断开位置,并打开磁力启动器中的隔离开关,闭锁刮板输送机。

（7）注油、换油时要严格按油质管理细则执行。

（8）检查螺纹连接时,必须注意防松螺母的特性,不符合使用条件及失效的应予以更换。

（9）维修过程中,应做好防滑、制动工作,注意观察周围环境变化情况,确保施工地点及人员的安全。

（10）维修结束后,按操作规程的要求进行空运转,试验合格后再停机、断电,并做好检修维护记录。

3. 采煤机的检修

采煤机的检修分为一般检修和大修两种。一般检修又可分为小修和中修。一般检修的周期为 0.5～1 年或采完 1～2 个工作面、产量在 35 万 t 以上。大修的周期为 2 年或采煤量达 60～120 万 t 以后。

（1）一般检修

① 针对存在的问题对零部件进行解体,修复或更换损坏的零部件。

② 开盖检修牵引部、截割部以及中间箱。

③ 检测主泵、辅助泵、液压马达的技术参数,更换不符合要求的部件。

④ 清洗各油箱、过滤器,更换各部位润滑油脂和液压油。

⑤ 检修液压系统、冷却喷雾系统、润滑系统,更换损坏的管路

及零部件,校核安全阀开启压力。

⑥ 更换损坏的滚筒、底托架、挡煤板、滑靴等。

⑦ 检修电气元件,校核各种安全保护装置。

⑧ 对对口接合面进行防锈处理。

⑨ 检修防滑、制动装置,更换磨损超限的闸块。

（2）大修

① 对采煤机整机全部解体,对各部件进行防锈、清洗、检查。

② 对开裂、变形的滑靴,挡煤板,滚筒,箱体等结构进行整形、补焊或加固。

③ 更换全部密封和其他橡塑件。

④ 大修电动机并更换电动机轴承。

⑤ 检修电气电控系统,校核系统的各种技术参数。

⑥ 检修液压系统,并按规定重新调试各技术参数。

⑦ 对各部件进行防锈处理。

⑧ 更换磨损超限的齿轮及各部轴承,更换磨损失效的弹簧、螺栓等易损件。

⑨ 大修后的采煤机按原煤炭部颁发的《煤矿机电检修质量标准》进行验收,其主要技术性能不得低于出厂试验规范所规定的标准要求。

（3）采煤机牵引部检修质量要求

① 牵引部箱体内不得有任何杂物,各元部件必须清洗,不允许有锈斑。

② 组装时必须认真检查各零部件的连接,安装管路必须正确无误。

③ 伺服机构调零必须准确。

④ 按规定注入新油液。

⑤ 各类保护装置必须灵敏、可靠。

（4）采煤机截割部检修质量要求

① 机壳内不得有任何杂物,不允许有锈斑。

② 各传动齿轮完好无损,啮合状况符合规定。

③ 各部轴承符合配合要求,无异常。

④ 各部油封完好无损,不得出现油液渗漏。

⑤ 按规定注入新的润滑油和润滑脂。

⑥ 离合器手把、调高手把、挡煤板翻转手把等必须动作灵活、可靠,位置正确。

⑦ 滚筒不得有裂纹和开焊现象,螺旋叶片的磨损量不超过原厚度的 1/3。

⑧ 端面及径向齿座完整无缺,其孔磨损不超过 1.5 mm,补焊齿座的角度应正确无误。

(5) 采煤机附属装置检修质量要求

① 内、外喷雾系统水路畅通,喷嘴齐全,不得有漏水现象。

② 底托架和挡煤板应无变形、裂纹及开焊现象。

③ 滑靴磨损不得超过 10 mm,其销轴磨损量不得超过 1 mm。

④ 冷却系统必须工作可靠,冷却器、管路均应做 1.5 倍额定压力的耐压试验,不得有变形和渗漏现象。

⑤ 导向器不得有变形、卡阻现象。

⑥ 牵引链张紧装置齐全、可靠。液压缸按规定试验合格,弹簧张紧器伸缩灵活,弹簧不得有疲劳变形。

⑦ 无链牵引装置连接可靠,各零部件磨损量不超限。

⑧ 防滑装置应可靠无误,制动力矩应符合原设计要求。

4. 采煤机的完好标准

根据《煤矿设备完好标准》的规定,采煤机的完好标准内容如下:

(1) 机体

① 机壳、盖板无裂纹,固定牢靠,接合面严密、不漏油。

② 操作手把、按钮、旋钮完整,动作灵活、可靠,位置正确。

③ 仪表齐全、灵敏、准确。

④ 水管接头牢固,截止阀灵活,过滤器不堵塞,水路畅通、不漏水。

（2）牵引部

① 牵引部运转无异响,调速均匀、准确。

② 牵引链伸长量不大于设计长度的 3%。

③ 牵引链轮与牵引链传动灵活,无咬链现象。

④ 无链牵引链轮与齿条、销轨或链轨的啮合可靠。

⑤ 牵引链张紧装置齐全可靠,弹簧完整。紧链液压缸完整、不漏油。

⑥ 转链、导链装置齐全,后者磨损量不大于 10 mm。

⑦ 液压油质量符合《综采、普采设备油脂管理办法补充规定（草案）》。

（3）截割部

① 齿轮传动无异响,油位适当,在斜倾工作位置,齿轮能带油,轴头不漏油。

② 离合器动作灵活、可靠。

③ 摇臂升降灵活,不自动下降。

④ 摇臂千斤顶无损伤,不漏油。

（4）截割滚筒

① 滚筒无裂纹或开焊。

② 喷雾装置齐全,水路畅通,喷嘴不堵塞,水成雾状喷出。

③ 螺旋叶片磨损量不超过内喷雾的螺纹;无内喷雾的螺旋叶片,磨损量不超过原厚的 1/3。

④ 截齿缺少或截齿无合金的数量不超过 10%,齿座损坏或短缺的数量不超过 2 个。

⑤ 挡煤板无严重变形,翻转装置动作灵活。

（5）电气部分

① 电动机冷却水路畅通，不漏水；电动机外壳温度不超过80 ℃。

② 电缆夹齐全、牢固，不出槽，电缆不受拉力。

（6）安全保护装置

① 采煤机原有安全保护装置（如刮板输送机的闭锁装置、制动装置，机械摩擦，过载保护装置，电动机恒功率装置及各种电气保护装置）齐全、可靠，整定合格。

② 有链牵引采煤机在倾斜15°以上工作面使用时，应配用液压安全绞车。

（7）底托架、破碎机

① 底托架无严重变形，螺栓齐全、紧固，与牵引部及截割部接触平稳，挡铁严密。

② 滑靴磨损均匀，磨损量不大于 10 mm。

③ 支撑架固定牢靠，滚轮转动灵活。

④ 破碎机动作灵活、可靠，无严重变形、磨损，不缺破碎齿。

二、采煤机的安装调试

采煤机投入生产前，应先在地面进行检查和测试，达到要求方可下井试生产，试生产成功才能正式投入生产。

（1）采煤机安装前的准备工作。采煤机出厂前需做空载、负载试验，并对牵引力、牵引速度以及摇臂升降等性能进行测试。采煤机到矿后不需大拆、大卸，特别是液压元件更不能随意拆装。新采煤机与大修后的采煤机应在下井前组织进行细致的检查、验收和运转；要根据有关技术标准、规范来检验采煤机的配套情况、技术性能、质量、数量及技术文件是否齐全合格；参加验收的人员必须熟悉采煤机的性能，了解采煤机的结构和工作过程；采煤机司机和维修人员一定要参加验收工作；列出采煤机各部件的名称及数量，各部件应完整。

主要检查内容：各部件是否完整、无损；各连接螺栓是否紧固；牵引机构、齿轮箱、摇臂、电动机、中间箱等各腔是否有脏物、积水；注油是否符合有关规定；各连接处是否漏油；试运转过程中注意有无异常噪音、发热；各部按钮及手把的动作是否灵活、可靠，是否符合标牌指示。

（2）用电机车（绞车）运输时要注意部件在途中不能散开，用钢丝绳或其他材料捆扎时不能使部件受损或变形，对其他部件应加防护罩；液压管运输或存放时应有防尘装置；电气设备必须密封盖好；小零件必须装箱后运送；采煤机等重要设备，在运输途中应派专人跟车。

（3）采煤机在运往井下综采工作面安装都要进行解体，把采煤机拆卸成若干部分进行运送。根据运输巷道的断面尺寸和提升能力等决定拆卸件数的多少。

（4）井下安装采煤机，都要在专用的硐室内进行。

（5）安装采煤机前，应先检查安装地点的支护状况，起吊梁及吊装机具。

（6）现场准备工作：

① 在采煤机安装前，液压支架和输送机必须先安装好，但输送机的机尾待采煤机部件吊入输送机的机道后才能安装；

② 采煤机的井下安装是在工作面输送机上进行的，安装地点的支架要用横梁加固，以保证起重时能承受机器的重量，同时有足够的长度和大约 2.5 m 的宽度；

③ 确定工作面端部的支护方式，并维护好顶板；

④ 开好机窝，一般机窝在工作面上端头运输道口，长度为 15～20 m，深度不小于 1.5 m；

⑤ 在对准机窝运输道上帮硐室中装 1 台回柱绞车，并在机窝上方的适当位置固定 1 个吊装机组部件的滑轮。

（7）工具准备。采煤机安装时需要准备的工具一般有撬棍、绳套、万能套管、活扳手和专用扳手、液压千斤顶、手动起吊葫芦及其他工具(如手锤、扁铲、砂布、锉刀、常用手钳、螺丝刀以及小活扳手等)。

(8) 解体下井运输。采煤机在地面试运转正常后方准入井。采煤机的入井及运输应按《综采设备提升、运输、安装、拆除技术安全注意事项》中的规定进行。为了便于采煤机井下组装,如果提升、运输条件许可,应尽量采用整体运输,减少分解后的件数;在入井前,应根据工作面的方向(左或右)及机器的安装顺序在井上安排好各部件的装车次序及方位,以免在井下做不必要的调头,特别是整体底托架在井下很难调头。

① 整机解体一般分为七大件:左滚筒、左摇臂、左牵引部、中间框架、右牵引部、右摇臂、右滚筒;

② 对裸露的外伸轴、管接头、电缆、操作手把、按钮必须采取保护措施;

③ 对活动部分必须采取固定措施,油缸必须与行走箱固定,托架将摇臂锁定在减速箱上;

④ 油管、水管端头必须堵后包扎方能下井;

⑤ 对于紧固件及零碎小件必须分类装箱下运,以免丢失;

⑥ 各部件运输时应用木板垫在其结合处,以保护加工面;

⑦ 液压件接头处应加塑料盖,以防脏物进入。

三、采煤机的安装顺序

采煤机的类型很多、结构组成差别也较大,其具体的安装程序会有所不同。但总体上,有底托架采煤机的安装程序一般为先下部后上部、先中间后两端、先主要部件后辅助装置。无底托架采煤机的安装程序一般是从采煤机一端开始依次顺序安装主要部件,然后安装辅助装置。图 4-3 为 MG300/700-AWD 型电牵引采煤机的组成。MG300/700-AWD 型电牵引采煤机整机解体从左到右一般分为:左滚筒、左摇臂、左牵引部、左行走箱、调高泵箱、连接框架(小机型采用电控箱集成机构)、开关箱、变频器箱、变压器箱、右行走箱、右牵引部、机身连接件、右摇臂、右滚筒、冷却喷雾系统、电气外部连接件、拖缆装置、各部件电动机等 。

四、采煤机的安装过程

采煤机井下安装较多在工作面的末端进行,因为该处没有转载机等设备,便于工作。在工作面端部的安装场地上应架好支架,并用横梁加固,以保护工作空间及承受起重机件的重量。

(一) 有底托架采煤机的安装程序

(1) 把底托架安装到工作面运输机上。

(2) 从里向外依次吊装,对机体内的截割部、牵引箱、电控箱、电动机、外面的截割部,上好定位块,紧固和对接底盘螺丝。

(3) 安装左、右滚筒。

(4) 连接各部分之间的管线,安装供水管、电缆、电缆卡、护板装置等附属装置。

(5) 配齐滚筒截齿和喷嘴。

(6) 向各部注以合格的油脂,油量达到要求位置。

(7) 检查设备安装质量,接通电源和水源,安装调高千斤顶。

(8) 开动采煤机并固定良好。

(二) 无底托架采煤机的安装程序

(1) 把完整的右(或左)截割部(不带滚筒和挡煤板)安装在刮板输送机上,并用木柱将其稳住,把滑行装置连接在刮板输送机导向管上。

(2) 把牵引部和电动机的组合件置于右截割部的左侧,同样用木柱支垫起来;然后将右截割部与牵引部和电动机组合件之间的两个接合面擦干净,用螺栓将这两大件连接在一起。

(3) 用同样的方法将左截割部与牵引部和电动机组合件的左侧用螺栓连接。

(4) 固定滑行装置,将油管和水管与千斤顶及有关部位接通。

（5）将左、右2个滚筒分别固定在左右摇臂上，装上挡煤板。

（6）铺设齿轨，再接通电源、水源等。

五、采煤机安装时的注意事项

（1）安装前必须制定安装作业规程和安全技术措施，并认真贯彻执行。

（2）零部件安装要齐全，不合格零件不安装，确保安装质量。

（3）碰伤的接合面必须进行修理，修理合格后方能安装，以防止运时漏油。

（4）安装销、轴时，要将其清洗干净，涂以油脂；严禁在没有对准时用大锤硬砸，防止敲坏零部件。

（5）在对装花键时，一要清洗干净，二要对准槽，三要平稳地拉紧。

（6）要保护好电气组件和操作把手、按钮，避免损坏；接合面要清洗干净并涂上密封胶。

（7）零部件完整无损，螺栓齐全并紧固，把手和按钮动作灵活、位置正确，电动机与牵引部及截割部的连接螺栓牢固，滚筒及挡煤板的螺钉（栓）齐全、紧固。

（8）油质和油量符合要求，无漏油、漏水现象。

（9）电缆尼龙夹齐全，电缆长度符合要求。

（10）用手盘动滚筒，不应有卡阻现象，滚筒齿座、截齿齐全。

（11）冷却水、内外喷雾系统符合要求。

（12）各种安全保护装置齐全，试验合格，工作可靠、安全。

（13）采煤机零部件应齐全、完好。

（14）运动部件的动作应灵活、可靠。

（15）把手位置应正确，操作应灵活、可靠。

（16）外部管路连接应正确，各接头处应无漏水、漏油现象，各油池、油位润滑点应按要求注入油脂。

（17）各箱体腔内应无杂物和积水。

（18）电气系统的绝缘、防爆性能应符合要求。

（19）安装完毕后，要先检查后试车。

（20）试车时滚筒处应无杂物，没有问题后方可试车。

六、采煤机的调试

（1）接通采煤机电动机电源以前应进行下列检查：

① 检查各操作把手、控制按钮，操作应灵活可靠、位置正确。

② 检查滚筒上的截齿应齐全且安装牢固。

③ 检查冷却喷雾、降尘系统应可靠、有效，喷嘴齐全、畅通；冷却喷雾水流畅通，压力达到要求。

④ 检查牵引机构、滑行装置应无卡阻，牵引正常，控制灵活。

⑤ 检查采煤机的机械部分完好；底托架、滑靴、滚筒及牵引行走机构等的外观应完好无缺陷。

（2）采煤机安装好后需进行试运转；进行采煤机试运转时，先使采煤机空机运转 10～15 min，然后沿工作面带负荷运行一个整循环。观察采煤机负载运行情况，以便发现问题及时处理。机器正式生产前，要将机器中的油放出，并清洗或更换各种滤芯，最后按规定注入新油，以保证机器可靠地工作，延长机器的使用寿命。

在此过程中，采煤机应达到以下要求：

① 滚筒升降灵活，升降速度符合规定；摇臂升降灵活，同时测量到最高、最低位置的时间。

② 注意各部机体运行的声音和平稳性，运转声音应正常。

③ 测量各处温升应符合要求，各部位温度符合规定；机器无异响。

④ 各个压力表的读数应正确，仪表显示正确；电流、电压符合要求；液压系统压力符合规定；电缆、水管拖移装置工作状态正常；无漏油、漏水现象。

⑤ 操作牵引换向把手调速旋钮，使采煤机正、反向牵引，测量其空载转速应符合要求，把手在中间零位时牵引速度应为零。

⑥ 空载试验时,低压正常、运转声响正常;在试运转期间,要检查各部连接处应无漏油,各连接管路应无漏油,检查所有管路系统和各零部件接合面密封处应无渗漏现象,紧固件无松动。

⑦ 测量电动机三相电流应正常、平衡;电动机接线正确,滚筒旋转方向适合工作面的要求。

⑧ 进行各种保护装置的动作试验,应符合技术文件及其他相关规定的要求。

⑨ 进行采煤机电气部分的动作试验,各防爆部件及电缆进口应符合要求。

⑩ 进行牵引部性能试验,包括空载跑合试验、分级加载试验、正转和反转压力过载试验以及牵引速度零位和正反向最大速度测定。

⑪ 进行截割部性能试验时,包括空载跑合试验和分级加载试验。空载跑合试验须在滚筒额定转速下正、反向各转 3 h。分级加载试验按电动机额定功率的 50% 及 75% 加载,每级正、反向转 30 min,加载结束时,油温不大于 100 ℃。

⑫ 将采煤机摇臂位于水平位置,16 h 后,其下沉量小于 25 mm。

⑬ 在不通冷却水的条件下,电动机带动机械部分空运转 1 h,电动机表面温度小于 70 ℃,无异常振动声响及局部温升。

⑭ 空载跑合试验时,其高压管路压力不大于 4 MPa,油温升至 40 ℃后,在接通冷却水情况下正、反向各运转 1 h,分级加载试验按额定牵引力的 50% 及 75% 加载,每级正、反向各运转 30 min,加载结束时油温不大于 80 ℃。

⑮ 在正式割煤前,还要对工作面进行一次全面检查,如工作面信号系统应正常,工作面输送机应铺设平直、运行正常,液压支架、顶板和煤尘情况应正常等。

第二节　综采工艺技术

一、工作面调斜与旋转

为了降低因工作面搬家对生产造成的影响，工作面必须有一定的合理推进长度，尤其是综采工作面，一般要求在 1 000 m 以上。为此，在煤层底板等高线方向变化大的地质构造带，工作面的推进方向需要进行调整，使其能够顺应等高线的变化或避开地质构造。通常转角小于 45°时，称调斜或调采；大于 45°时，称为旋转或转采。图 9-2(a)为某矿综采工作面布置图，工作面共进行了 4 次折向，推进长度由 300 m 增加到 1 100 m，减少厂区段平巷的高差，有利于运输，避免了巷道积水，并能回收采区边界和停采线附近的煤柱。图 9-2(b)为德国某矿综采工作面布置图，采用旋转式开采，连续推进 4 700 m。

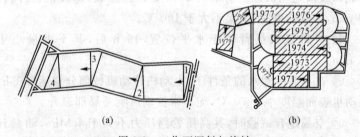

(a)　　　　　　　　　　　　(b)

图 9-2　工作面调斜与旋转

工作面调斜和旋转开采时应注意的问题：

（1）合理选择旋转中心的位置，除要注意旋转中心处地质条件以及中心的形式外，还要保证区段平巷的每一条折线段有合理的长度，以利选用适合的区段平巷输送机。

（2）每循环的转角不能过大，一般为 1°～1.5°，转角过大时，操作管理难度将加大，容易损坏设备。

（3）调斜中，严格掌握进度。

（4）严格保证工程质量。拐点的确切位置、支架与输送机的转角、每刀煤的长度都应掌握。每循环割长刀时，工作面必须到达预定位置，并做到煤壁、输送机、支架都排成直线，为下一循环打好基础。

（5）为防止输送机下滑、上窜，增加调斜难度，应严格掌握推移与调直输送机的顺序。采煤机的割煤方式要与推移输送机顺序相适应。

（6）调斜时，最好以输送机机头端为中心，旋转机尾端。若以机尾端为中心，旋转机头端，调斜角小于20°时，就要扩巷；调斜角大于20°时，最好预先在平巷转折处掘出弧形巷道，铺设一部可弯曲输送机，以防止工作面输送机与转载机脱接。

二、工作面过断层

根据断层的落差确定过断层方法。当断层落差大于或等于采高时，非综采工作面一般采取避开法（图9-3）。遇走向断层时，若断层位于工作面两端，加长或缩短工作面留煤柱避开断层回采；若断层位于工作面中部，根据断层延伸长度，可分别采取开中巷法或打超前巷法避开断层回采［图9-3（a）和图9-3（b）］；遇倾斜断层时，采取另掘新开切眼，工作面搬家的方法避开断层回采［图9-3（c）和图9-3（d）］。遇斜交断层时，若断层与工作面的斜交角小于25°，可调斜工作面重掘新开切眼［图9-3（e）］；若斜交角为25°～60°，可采取留通道缩短工作面重掘开切眼避开断层图［9-3（f）］；斜交角大于60°时，与走向断层的处理方法相似。

三、综采工作面搬迁

综采工作面的设备多、体积大，装备总质量一般在1 800～2 500 t，搬迁十分费时、费工，因此，实现安全、快速、省工、省料的搬迁，将是提高综采工作面效益的重要因素之一。

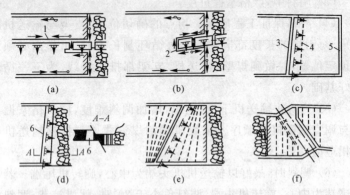

图 9-3　工作面避开断层的方法

(a) 开中巷;(b) 开超前巷;(c) 开新切眼;

(d) 沿断层掘切眼;(e) 调斜工作面;(f) 缩短工作面

1——中巷;2——超前巷;3——新切眼;4——停采线;5——原切眼;6——补切眼

(一) 搬迁计划的制订

每个工作面搬迁前都应制订周密的搬迁计划,其中包括:

(1) 搬迁方案的选择。根据工作面情况,制定设备搬迁的先后顺序、时间安排、运输路线及工序流程图。

(2) 搬迁的具体方法。包括绞车的安装位置、方向及钢丝绳规格;设备的装车要求;新旧工作面拆、装支架的具体措施;硐室装卸的具体措施;顶板和煤帮的特殊支护方式;以撤装支架为中心的劳动组织;各工序工作细则及安全措施等。

(二) 综采工作面设备的搬运与安装

根据搬迁计划,一般情况下,沿运输平巷运输的设备和顺序是:工作面输送机机头部,转载机及其推进装置、破碎机,可伸缩胶带输送机,乳化液泵站、水泵、电气设备、电缆及各种管路等。沿回风平巷运输的设备有液压支架、工作面输送机中部槽及其配套的挡煤板和铲煤板、输送机机尾和采煤机及其管路等。其中主要是支架搬运,在运装方法上应尽量先用支架整体装车入井的方法,这样不但可以加快安装速度,还能提高质量,如条件不允许可采用部分解体的办法,此时要在工作面端部平巷内开掘长 8 m、宽 5 m、高 3 m 的组装硐室,用棚子支护,并设有起吊横梁,硐室外的轨道线应设置能存放 7～10 辆平板车的双轨调车线。

工作面内设备的安装顺序,一般采用先安装支架,再装输送机溜槽,最后组装采煤机和机头、机尾。有时为了运入支架方便,采取先安装输送机中部槽作为运送支架的轨道,并可以利用输送机的驱动力将支架直接运送到所需地点,这种方法所用设备少,安装速度快,适用于轻型支架。其他运入支架的方法多用绞车沿底板直接拖入工作面,到位后,再用两台小绞车进行调向、定位。当底板较软时,可铺设轨道,轨道上设置导向滑板,支架放在滑板上用绞车拖动滑板,进入工作面到位后再转向、定位。

随着辅助运输机械化水平的提高,目前采用单轨吊或无轨胶轮铲车运送搬迁设备的工作面也很多,它可以将设备直接由井底车场运入开切眼内进行吊装定位。这种方法工序简单、速度快、效率高,是今后的发展方向。

(三) 综采工作面设备的拆除

1. 综采工作面设备拆除的顶板管理

综采工作面设备拆除的关键是顶板管理。一般距停采线 10～12 m 开始沿煤壁方向铺设双层鱼鳞式金属网,金属网要一直铺到停采线,煤壁易片帮时应使金属网下铺煤壁 1.5～2 m,并沿煤壁打上锚杆或贴帮柱。距停采线 6～7 m 时,在顶网下再铺设板梁、锚梁或钢丝绳,条件允许时,还可以直接用锚杆托住金属网铺板梁及铺钢丝绳,如图 9-4 所示。

当使用钢丝绳时每隔 0.6 m 铺一根,绳头固定在两端的木板梁或锚杆上,绳与金属网每 0.2～0.5 m 紧固在一起,一般采用直径为 15.5～21.5 mm 的废旧钢丝绳即可。

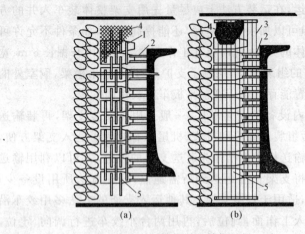

图 9-4　铺板梁及铺钢丝绳

(a) 铺板梁；(b) 铺钢丝绳

1——顺山梁；2——走向梁；3——钢丝绳；4——金属网；5——液压支架

在距停采线 2～3 m 时停止移架，以便留下拆除支架的通道，此时应在顶梁与煤壁间架设走向梁，顶板条件好时，也可仅用锚网支护。

最后在支架运出方向的工作面出口处做好转角，修好运架道及转载平台。

2. 综采设备拆运顺序与方法

设备拆除的顺序一般是先拆输送机的机头与机尾，然后拆采煤机、溜槽，最后拆除支架。支架的拆除顺序有前进式和后退式两种，一般选用后退式拆除，此种方法有利于顶板管理。当顶板条件较好，允许大面积悬露时，也可采用前进式或同时从工作面两端进行前进式拆除支架。

四、采煤工艺主要技术参数的确定

采煤工艺技术参数主要是指工作面长度、生产能力、循环方式以及与生产能力有关的参数等。有些参数已在前面章节中阐述,本节只对以下几个问题详细叙述。

（一）工作面长度的确定

合理的工作面长度是实现高产、高效的重要条件。影响工作面长度的主要因素有以下几种。

1. 地质因素

煤层地质条件是影响工作面长度的重要因素之一。凡在工作面长度方向有较大的地质变化（如断层、褶曲、煤层厚度、倾角等）,应以此为界限划分工作面。

当有下列情况时,工作面长度不宜过长:采用单体支柱,采高≥2.5 m时;煤层倾角大于25°时;工作面顶板破碎难以维护时。

工作面瓦斯涌出量决定着通风能力。低瓦斯矿井一般不受限制,但高瓦斯矿井,通风能力则是限制工作面长度的重要因素。工作面长度按式(9-1)计算:

$$L = \frac{60 v M L_{\min} C_{\mathrm{f}}}{q_{\mathrm{b}} B P N} \tag{9-1}$$

式中　v——工作面允许的最大风速,一般取 4 m/s;

　　　M——采高,m;

　　　$L_{\min}$——工作面最小控顶距,m;

　　　C_{f}——风流收缩系数,取 0.9～0.95;

　　　q_{b}——昼夜产煤 1 t 所需风量,m³/min;

　　　B——循环进尺,m;

　　　P——煤层生产率,即单位面积出煤量,$P = M \cdot R \times 10^{-1}$,t/m²;

　　　R——煤的容重,kN/m³;

　　　N——昼夜循环数。

2. 技术因素

当地质条件一定时,工作面设备是影响长度的主要因素。炮采时,由于支护、放顶工作量大,推进速度慢,可使工作面长度短些;高档普采时,机组割煤,工作面可适当加长;综采实现了全部工序机械化,为充分发挥设备效能,工作面长度可再加大些。在工作面设备中输送机在很大程度上限制着工作面长度。国产刮板输送机大都按 $150\sim200$ m 的铺设长度设计,所以工作面长度在 $150\sim180$ m 左右。

技术管理水平也是影响工作面长度的因素之一,工作面愈长,要求管理水平愈高。

3. 经济因素

从经济角度考虑,工作面存在一个产量和效率最高、效益最好的长度量和长度的关系,应用数学分析法给出经济上的最佳长度。

单向割煤,往返进一刀所需时间 t_L 为:

$$t_L = (L - L_1)\left(\frac{1}{\upsilon_c} + \frac{1}{\upsilon_k}\right) + t_1 \qquad (9\text{-}2)$$

双向割煤,往返进两刀所需时间为:

$$t_L = (L - L_1)\frac{1}{\upsilon_c} + t_1 \qquad (9\text{-}3)$$

式中　L ——工作面长度,m;

　　　L_1 ——工作面端部采煤机斜切进刀长度,m;

　　　υ_c ——采煤机割煤时牵引速度,m/min;

　　　υ_k ——采煤机反向空牵引或清浮煤、割底煤时的牵引速度,m/min;

　　　t_1 ——采煤机反向操作及进刀所需时间,min。

工作面日产量为:

$$Qr = NLMBRC \qquad (9\text{-}4)$$

$$N = \frac{60(24 - T_1 - T_2)K}{t_L} \qquad (9\text{-}5)$$

式中　M ——采高,m;

　　　B ——循环进尺,m;

R ——煤的容重,kN/m^3;

C ——工作面采出率;

N ——每日循环数,个;

T_1 ——上、下班路途时间,min;

T_2 ——生产准备时间,min;

K ——开机率,%。

将式(9-2)或式(9-3)与式(9-5)代入式(9-4),对于某一具体的工作面,将 L 看作变量,其他参数为常数分别用 A、B 表示,则化简后为:

$$Q_r = \frac{AL}{L+B} \qquad (9\text{-}6)$$

工作面中工人数目可分为随工作面长度变化而变化的人数 e 和与工作面长度无关的固定人数 f 两部分,故总出勤人数 $D = eL + f$,则工作面效率 P 为:

$$P = \frac{Q_r}{eL+f} \qquad (9\text{-}7)$$

式(9-6)和式(9-7)表示的曲线是 Q_r、P 随 L 的增加而增加。达到一定值后,L 增加,Q_r、P 值又会减小。由此可以确定经济上最佳的工作面长度。此外,还可综合考虑工作面设备租赁费、修理费、区段平巷掘进费、工作面搬家费、工人工资等费用,求出工作面吨煤费用最低的最优工作面长度。

我国目前的开采技术条件及近年来的发展,缓倾斜煤层工作面长度一般为:炮采 80～120 m,普采 100～150 m,综采 120～200 m。

（二）采煤机开机率的测定

采煤机开机率是指采煤机运转时间占每日可利用的采煤作业时间百分比,很显然开机率是体现工作效率的一个极为重要的指标。

根据采煤机工作状态,可将每日作业时间划分为:上、下班路途时间 T_1、生产准备时间 T_2、采煤作业时间 T_3。其中采煤作业

时间 T_3,还可分为采煤机运转时间和停机时间。采煤机运转时间又可分为进刀时间 t_1,纯割煤时间 t_2 和跑空刀时间 t_3;停机时间可分为顶板、机电、工艺、运输和其他因素等导致的停机时间。其中工艺因素影响随不同的工艺过程而不同,一般可分为工艺设计中常规停机和移机头、机尾及端头支护的停机。

由上述分析,开机率计算公式为:

$$K = \frac{t_1 + t_2 + t_3}{60 T_3} \qquad (9-8)$$

当采煤机进刀时间和跑空刀时间较短时,开机率可粗略表示为纯割煤时间 t_2 与采煤作业时间 T_3 之比。各种事故影响的停机时间占总停机时间的比率称为故障率。

提高开机率的途径一般为:减少生产准备时间;合理安排工序,减少正常工序对采煤机的影响;提高工作面检修质量,缩短检修时间;提高全矿生产系统的可靠性;严格管理,加强协作,降低故障率;合理确定工作面参数等。

（三）循环方式的确定

1. 循环和正规循环作业

工作面内全部工序至少完成一次的周而复始的采煤过程叫循环。对于单体支柱工作面以回柱放顶为标志,综采工作面以移架为标志,即放一次顶或移一次架为一个循环。在规定时间内,按既定的工艺方式,保质保量完成的一个循环称为正规循环。实践表明,实现正规循环作业,是煤矿生产中一项行之有效的科学管理方法,可有效地保证工作面高产、稳产和高效。

循环率是衡量正规循环完成好坏的标准。

$$循环率 \eta = \frac{月实际完成循环数}{月计划循环数} \times 100\% \qquad (9-9)$$

正常情况下,循环率不应低于 80%,否则应查明原因,改进薄弱环节,使之按时完成正规循环。当技术革新提前完成正规循环时,应重新制定新的循环方式,以便提高产量。

2. 循环方式的确定

根据每日完成的循环个数,循环方式可有单循环和多循环之分。

确定循环方式时,应综合考虑矿井生产能力、工作面生产能力、矿井工作制度及人员配备和管理水平等因素。其中工作面生产能力与工作面选择的作业形式、工序安排、劳动组织有关。

确定循环方式的一般步骤为:首先,根据工作面地质条件、生产技术条件确定工序安排形式,排出工艺流程图;其次,根据工序安排和劳动定额确定作业形式和人员配备;第三,绘出正规循环图并计算产量;第四,根据该工作面的计划产量,对工作面循环方式进行调整。如此反复,直至达到80%循环率的情况下能完成计划产量,并留有适当余地为止。

(四)工作面生产能力的确定

由式(9-4)可知,当采煤工作面长度 L 一定时,该工作面产量就取决于循环进度 B 和日循环数 N。对此,不同的采煤工艺有不同的影响因素。

1. 炮采工作面

炮采中影响循环进度的主要因素有顶板条件、煤的强度、金属铰接顶梁长度。一般情况下,选择循环进度与顶梁长度相等。但在选择铰接顶梁时,必须考虑顶板条件和煤的强度。顶板破碎选小值,反之选大值。煤的强度会影响打眼速度等。

通常炮采工作面年推进度可达 480～540 m,平均产量15 万 t/a。循环进度初定后,依此确定日循环数,然后结合矿井生产计划进行适当调整,最后确定工作面生产能力。

提高炮采工作面生产能力的途径有:采用先进的微差爆破技术,减少爆破工序时间;合理优化爆破参数,降低对支柱的冲击;合理配备各工序人员和安排各工序的衔接与合作,减少窝工;提高管理和技术水平等。

2. 普通机械化采煤工作面

普采工作面循环进度主要与采煤机功率、输送机能力、铰接顶梁长度等有关。

　　每日循环数影响到工作面年进度,它又受采煤机的开机率和牵引速度的影响,进而受工作面中其他工序的影响。设计规范规定普采工作面年推进度不应小于 700 m。可据此初定工作面生产能力,再根据矿井计划产量和正规循环率等情况适当调整,最后确定工作面生产能力。目前国内平均单产在 20 万～30 万 t/a 左右。

　　提高普采工作面生产能力的途径有:合理地安排各工序;采取措施实行正规循环;提高开机率;提高管理和生产技术水平,降低人为事故耽误的生产时间等。

　　3. 综合机械化采煤工作面

　　由于综采工作面应用液压支架,移动距离较灵活,循环进度主要取决于采煤机的功率和煤的强度,一般为 0.6～1.0 m。

　　综采工作面机械化程度高,所以日循环数也相应增多。设计规范规定:厚度大于 3.2 m、一次采全高的煤层及厚度小于 1.4 m 的薄煤层,综合机械化采煤工作面年推进度不应小于 1 000 m;煤层厚度 1.4～3.2 m 的综合机械化采煤工作面年推进度不应小于 1 200 m。据此,可初定综采工作面的生产能力。目前国内综采工作面平均单产在 80 万～90 万 t/a 左右,有许多工作面已达 100 万 t/a 以上,个别达 500 万～800 万 t/a。

　　综采工作面提高生产能力的途径主要有:合理地进行工作面机械设备配套;提高开机率;提高生产管理和技术水平;制定严格、严密的作业规程,确保正规循环作业等。

参 考 文 献

[1] 靳建伟,吕智海．煤矿安全[M]．北京:煤炭工业出版社,2005.

[2] 赖昌干．矿山电工学[M]．北京:煤炭工业出版社,2006.

[3] 钱鸣高,石平五,许家林．矿山压力与岩层控制[M]．徐州:中国矿业大学出版社,2010.

[4] 夏广魁．煤矿采煤机(掘进机)操作作业安全培训教材[M]．徐州:中国矿业大学出版社,2013.

[5] 闫晓波．金属材料与热处理[M]．天津:南开大学出版社,2012.

[6] 张吉春．煤矿开采技术[M]．徐州:中国矿业大学出版社,2007.

[7] 张明高．电子技术基础(修订版)[M]．北京:煤炭工业出版社,1999.

[8] 朱德平,谢嘉霖．机械制图[M]．徐州:中国矿业大学出版社,2007.